景观设计基础

第二版

高等院校艺术学门类
"十四五"规划教材

- 主　编　谢　科　单　宁　何　冬
- 副主编　郭　钊　沈　澈　邹景荣
　　　　　于兴财　田　芳　谈　飞
- 参　编　张晓红　谢玉洁　郑蓉蓉
　　　　　祝恒威　尚端武　宋春芳

A R T D E S I G N

华中科技大学出版社
http://www.hustp.com
中国·武汉

内 容 简 介

本书包括七章内容:绪论、景观设计的理论基础、庭院设计、居住区景观设计、城市开放空间设计、城市绿地景观规划、景观设计案例欣赏。本书既有景观设计的基础知识,又有景观设计的实践内容,是一本优秀的景观设计基础教材。

图书在版编目(CIP)数据

景观设计基础/谢科,单宁,何冬主编.—2版.—武汉:华中科技大学出版社,2021.1(2024.1重印)
ISBN 978-7-5680-6837-6

Ⅰ.①景… Ⅱ.①谢… ②单… ③何… Ⅲ.①景观设计-高等学校-教材 Ⅳ.①TU983

中国版本图书馆 CIP 数据核字(2021)第 005656 号

景观设计基础(第二版)　　　　　　　　　　　　　　　　　　谢科　单宁　何冬　主编
Jingguan Sheji Jichu(Di-er Ban)

策划编辑:彭中军
责任编辑:段亚萍
封面设计:优　优
责任监印:朱　玢
出版发行:华中科技大学出版社(中国·武汉)　　　电话:(027)81321913
　　　　　武汉市东湖新技术开发区华工科技园　　　邮编:430223
录　　排:武汉创易图文工作室
印　　刷:湖北新华印务有限公司
开　　本:880 mm×1230 mm　1/16
印　　张:8.5
字　　数:275 千字
版　　次:2024 年 1 月第 2 版第 4 次印刷
定　　价:59.00 元

前言
Preface

景观设计是近年来兴起并逐渐形成的一门学科。与其相近的专业词语有园艺、景观建筑、造园等,但景观设计不仅包括这些内容,而且涵盖更丰富的内容,是一门综合性较高的设计艺术。

在当前资源缺乏、环境问题突出的背景下,人们提出了可持续发展的观点,并在各个专业领域得到迅速传播并引起极大反响。景观和景观设计的研究是在造园艺术、建筑设计、城市规划等的基础上,对人地关系的新认识。这不仅是人们对自然认识的进步,而且是人类对自身认识的进步。

景观设计的思想源远流长,时至今日终于形成了一门综合性、实践性的学科。这是人们对生活环境和生活质量高需求的体现。景观设计在世界上的很多发达国家都得到了迅速发展。景观设计的发展和经济的发展关系密切。

景观设计在各国有不同的观点,但其基本的表达是强调土地设计,即通过对土地及一切人类户外空间的问题进行科学的分析,探寻设计问题的解决方案和解决途径,并促进设计的实现。景观设计是一门建立在广泛的自然科学和人文艺术科学基础上的应用学科,它与建筑学、城市规划、环境艺术、市政工程设计等学科有密切的联系。因此,它要求从事景观设计的人要掌握较多的专业知识并拥有较强的实际设计能力,包括草图绘制、计算机软件的使用等技能。

在美国,景观设计职业范围的活动包括公共空间规划、商业及居住用地场地规划、景观改造、城镇设计和历史景观保护等。景观设计专业在美国被认为是一个紧俏的专业、内涵丰富的专业、前景广阔的专业。在加拿大,景观设计是一门关于土地利用和管理的专业。景观设计师学习和研究的领域包括区域、新城镇、社区规划设计,公园和游憩场所规划,交通规划,高尔夫项目和度假村规划设计,校园规划设计,景观改造和修复,遗产保护,花园设计,疗养及其他特殊用途区域的规划设计等。

在各国经济发展的现阶段,城市化进程在不断加速,今后的十多年里将会有更大的发展,将会有更多的人涌向城市,在我国更是如此。人们将越来越追求更高、更好的生活质量和居住环境。这对我国景观设计专业来讲,既是极大的机遇,也是极大的挑战。在市场经济发展的今天,如果我国的景观设计教育落后了,不能满足社会发展的需要,那么,市场将会被国外先进设计公司所占领。

为了促进景观设计专业的发展和满足课程教学的需要,鉴于目前国内缺乏系统介绍景观设计理论和适合本科教学的教材,我们组织编写了本书。本书的理论部分论述景观设计学的起源、发展状况和应用领域;实践部分结合具体的设计项目让学生了解一个项目的始末,对近年来景观设计项目有一个整体的认识,并在具体的设计中,让学生学习理论知识,掌握一定的设计技能。

由于编者的水平有限,书中疏漏之处在所难免,请读者提出宝贵意见。

编者
2020 年 6 月

目录
Contents

Jingguan Sheji Jichu

第一章
绪　论

提到景观设计师,人们往往想到园艺师、园丁和造园师,并将他们混为一谈。人们容易将景观设计定位于简单的艺术创作上,如花园设计、苗圃种植等单一的活动层面上。景观设计是一项设计内容丰富、集科学分析和艺术创作于一体的学科,核心是对土地设计的综合创作,旨在解决人们一切户外空间活动的问题,为人们提供满意的生活空间和活动场所。景观设计可以说是一门古老而崭新的学科,它的存在和发展一直与人类的发展息息相关,包括人们对生活环境的追求,以及人们对生活环境无意识或有意识的改造活动。这种活动孕育了景观设计学。回顾相关的历史,可以发现景观设计的发展历程,或者说,是这种追求和改造活动形成的众多学科,如建筑、景园设计等一起促进了景观设计的诞生。因此,在介绍景观设计的基本理论和实践领域之前,要掌握以下内容。

(1)景观设计的相关概念。

(2)景观设计与相关学科的关系。

(3)景观设计的产生。

(4)景观设计的活动领域。

第一节
景观设计的相关概念

一、景观

景观是指土地及土地上的空间和物质所构成的综合体。它是复杂的自然过程和人类活动在大地上的烙印。

二、景观的多种理解

景观是多种功能(过程)的载体。

(1)风景:视觉审美过程的对象。

(2)栖居地:人类生活其中的空间和环境。

(3)生态系统:一个具有结构和功能、内在和外在联系的有机系统。

(4)符号:一种记载人类过去、表达希望和理想、赖以认同和寄托的语言空间和精神空间。

景观的地学理解为地表现象、综合自然地理区和地理单元。

自然景观如图1-1和图1-2所示。人文景观如图1-3所示。

三、景观设计学

景观设计学是关于景观的分析、规划布局、改造、设计、管理、保护与恢复的科学和艺术。加拿大景观设计师协会将其视为关于土地利用和管理的专业。

图 1-1　自然景观一

图 1-2　自然景观二

图 1-3　人文景观

四、景观设计师

景观设计师是以景观设计为职业的专业人员。

景观设计职业是大工业、城市化和社会化背景下的产物。

景观设计师工作的对象是土地综合体的复杂的综合问题,面临的问题是土地、人类、城市和土地上的一切生命的安全与健康及可持续发展的问题。

第二节
景观设计与相关学科的关系

景观设计的产生和发展有着相当深厚和宽广的知识底蕴,如:哲学中人们对人与自然之间关系(或人地关系)的认识;在艺术和技能方面的发展,在一定程度上还得益于美术、建筑、城市规划、园艺及近年来兴起的环境设计等相关专业。但美术、建筑、城市规划、园艺等专业产生和发展的历史比较早,尤其在早期,建筑与美术是融合在一起的。城市规划专业也是在不断的发展中才和建筑专业逐渐分开的,尽管在中国这种分工体现得还不是十分明显。因此,谈到景观设计的产生有必要厘清它和其他相近专业之间的关系,或者说,其他专业所解决的问题和景观设计所解决的问题之间的差异,这样才可能阐述清楚景观设计专业产生的背景。

一、建筑学

建筑活动几乎是人类最早的改善生存条件的尝试。地球上不同种族的人,在经历了上百万年的尝试、摸索之后,在这种尝试活动中积淀了丰富的经验,为建筑学的诞生、为人类的进步做出了巨大的贡献。

建筑作品的主持完成,开始是由工匠或艺术家来负责的。在欧洲,随着城市的发展,这些工匠和艺术家完成了许多具有代表性的建筑,形成了不同风格的建筑流派。那时,由于城市规模较小,城市建设在某种意义上就是完成一定数量的建筑。建筑与城市规划是融合在一起的。工业化以后,由于环境问题的突显及后来第二次世界大战,人们对城市建设有了新的认识,例如出现了霍华德的"花园城市"(见图 1-4)、法国建筑大师勒·柯布西埃的"阳光城市"和他主持完成的印度城市昌迪加尔(Chandigarh),建筑师的主要职责专注于设计具有特定功能的建筑物,例如住宅、公共建筑、学校和工厂等。

图 1-4　"花园城市"(新加坡)

二、城市规划

城市规划虽然早期是和建筑结合在一起的,但是,无论是欧洲还是亚洲的国家,都有关于城市规划思想的发展。比如:原始形式的居民点的选址和布局问题,中国的"体国经野"区域发展的观念和影响中国城市建设的营国制度。现在的城市规划考虑的是为整个城市或区域的发展制定总体计划,更偏向社会经济发展的层面。

三、风景园林学

最早的造园活动可以追溯到 2000 多年前祭祀神灵的场地、供帝王贵族狩猎游乐的园囿和居民为改善

居住环境而进行的绿化栽植等。如古埃及在高阜上神殿周围栽植圣林、中国古代的园囿,这些都是园林的雏形。

景园建筑或造园活动经过长时间的积累,形成了比较成熟的学科和技术。但其活动领域和景观设计存在着一定程度和领域的交叉,以至于人们往往将景观设计等同于景园设计。与景园设计相关的园丁(gardener)和风景园林师(landscape gardener)的工作,则主要是基本的园林设计和养护。

四、市政工程学

市政工程主要包括城市给排水工程、城市电力系统、城市供热系统、城市管线工程等。市政工程师为市政公用设施的建设提供科学依据。

景观设计,从严格意义上讲,其研究领域和实践范围的界限不是十分明确。从定义上理解,它包括对土地和户外空间的人文艺术和科学理性的分析、规划设计、管理、保护和恢复。景观设计和其他规划职业之间有着明显的差异。景观设计要综合建筑设计、城市规划、城市设计、市政工程设计、环境设计等相关知识,并综合运用其创造出具有美学价值和实用价值的设计方案。

第三节
现代景观设计的产生

从景观设计与相关学科的关系中可以看出,景观设计的产生是建筑学、城市规划学、风景园林学等学科发展、融合和进一步分工的结果。

景观设计专业在国外设置得比较早,因此介绍其产生时主要从国外的情况谈起。

一、景观设计产生的历史背景

景观作为土地及土地上的空间和物质所构成的综合体,它是复杂的自然过程和人类活动在大地上的烙印。基于以上的概念理解,从原始人类为了生存的实践活动,到农业社会、工业社会所有的更高层次的设计活动,在地球上形成了不同地域、不同风格的景观格局,如农业社会的栽培和驯养生态景观、水利工程景观、村落和城镇景观、防护系统景观、交通系统景观,工业社会的工业景观及其带来或衍生的各种景观。(见图1-5)

景观是一种客观现象或客观状态,其本身并无好坏之分。景观的价值和审美的功能还没有被人们充分认识。因此,现代意义上的景观设计还没有真正产生。工业化社会之后,工业革命虽然给人类带来了巨大的社会进步,但由于人们认识的局限,同时也将原有的自然景观分割得支离破碎,完全没有考虑生态环境的承受能力,也没有可持续发展的指导思想。这直接导致了生态环境的破坏和人们生活质量的下降,以至于人们开始逃离城市,寻求更好的生活环境和更广的生活空间。景观的价值逐渐开始被人们认识和关注,有意识的景观设计开始酝酿。从另外的角度理解,景观设计的发展在不同的时期有一条主线:在工业化之前人们为了追求欣赏娱乐的景观造园活动,如国内外的各种园、囿,在这样的思路之下,产生了园林学、造园学

图 1-5　生态景观

等；工业化带来的环境问题强化了景观设计的活动，在一定程度上改变了景观设计的主题，由娱乐欣赏转变为追求更好的生活环境，由此形成现代意义上的景观设计，即解决土地综合体的复杂的综合问题，解决土地、人类、城市和土地上的一切生命的安全与健康以及可持续发展的问题。将工业革命前的园林规划设计、城市规划和建设归纳为传统意义上的景观设计或景观活动，而本书所介绍的景观设计特指现代意义上的景观设计，即在大工业化、城市化背景下兴起的景观设计。

景观设计产生的历史背景可以主要归结为工业化带来的环境污染、与工业化相随的城市化带来的城市拥挤及聚居环境质量的恶化。基于工业化带来的种种问题，一些有识之士开始对城市、对工业化进行质疑和反思，寻求解决办法。

二、主要的代表观点

在工业化和城市化的背景下，各种观点和文章被提出和发表。

刘易斯·芒福德在其《城市发展史》中描述 19 世纪欧洲的城市面貌及城市中的问题：一个街区挨着一个街区，排列得一模一样，单调而沉闷；胡同里阴沉沉的，到处是垃圾；到处没有供孩子游戏的场地；当地的居住区也没有特色和内聚力。窗户通常是很窄的，光照明显不足……比这更为严重的是城市的卫生状况极为糟糕，缺乏阳光，缺乏清洁的水，缺乏没有污染的空气，缺乏多样的食物。刘易斯·芒福德开始关注并寻求解决这些问题的途径。

奥地利城市规划师卡米洛·西特强调城市公园可以对城市的健康卫生起到积极作用。

霍华德的《明日的花园城市》认为:城市的生长应该是有机的,一开始就应对人口、居住密度、城市面积等加以限制,配置足够的公园和私人园地,城市周围有一圈永久的农田绿地,形成城市和郊区的永久结合,使城市如同一个有机体一样,能够协调、平衡、独立自主地发展。

在人们对城市问题提出各种解决途径和办法后,形成了大体一致的观点,即在城市中布置一定面积和形式的绿地,如在城市总体规划中,城市绿地是城市用地的十大类型之一。城市绿地可以采取多种形式,如公园、街头绿地、生产绿地、防护林、城市广场绿地等。城市绿地(见图 1-6)可以改善城市环境质量,净化大气,美化环境,同时又是景观设计的基本内容和重要的造景元素。

图 1-6　城市绿地

有了以上大致相同的观点,景观设计有了新的发展,包括英国的工人居住环境改善、美国的城市美化运动及中国的城市美化运动。

奥姆斯特德(F. L. Olmsted)是现代景观设计的创始人。

奥姆斯特德 15 岁时因漆树中毒而视力受损,无法进入耶鲁大学学习。此后的 20 年中,他广泛游历,访问了许多公园和私人庄园。他学习了测量学、工程学、化学等,并成为一名作家和记者。由于奥姆斯特德在文学界的重要影响,他在 1857 年秋天获得纽约市中央公园主管职位。在 30 多年的景观规划设计实践中,他设计了布鲁克林的希望公园(见图 1-7)、芝加哥的滨河景观(见图 1-8)等。他是美国景观设计师协会的创始人和美国景观设计专业的创始人。因此,奥姆斯特德被誉为"美国景观设计之父"。

三、景观设计学科的发展

在现代景观设计学科的发展和其职业化进程方面,美国是走在最前列的。在全世界范围内,英国的景观设计专业发展也比较早。1932 年,英国第一个景观设计课程出现在雷丁大学(University of Reading),相当多的大学于 20 世纪 50—70 年代分别设立了景观设计研究生项目。景观设计教育体系逐步成熟,其中,相当一部分学院在国际上享有盛誉。

图 1-7　布鲁克林的希望公园

图 1-8　芝加哥的滨河景观

在美国,景观规划设计专业教育是哈佛大学首创的。从某种意义上讲,哈佛大学的景观设计专业教育史代表了美国的景观设计学科的发展。从 1860 年到 1900 年,奥姆斯特德等景观设计师在城市公园绿地、广场、校园、居住区及自然保护地等方面所做的规划设计奠定了景观设计学科的基础,之后其活动领域又扩展到了主题公园和高速路系统的景观设计。

国外的景观设计专业教育非常重视多学科的结合,既包括生态学、土壤学等自然科学,又包括人类文化学、行为心理学等人文科学,最重要的是还必须包括空间设计的基本知识。这种综合性进一步推进了学科发展的多元化。

因此,景观设计是大工业化、城市化和社会化背景下产生的,是在现代科学与技术的基础上发展起来的。

第四节
景观设计的活动领域

景观设计与风景园林学、建筑学、环境设计、城市规划等学科相互联系,相互促进,不断融合。科技的发展和社会的进步使人们认识到城市规划的重要性及环境和景观的价值所在。今天世界各地的人们都开始关注城市的健康发展,关注如何营造一个良好的居住环境和生活空间,这也是景观设计与建筑学、城市规划学、风景园林学共同追求的目标之一。因此,在以上各学科中都不同程度地采用绿化、城市空间设计等手法,在庭院设计、城市开放空间等领域体现了这种思想。这也是景观设计为何在相关的专业领域都有其发展的原因。

一般来讲,景观设计在城市规划中体现在城市园林绿地系统规划方面,在园林专业中体现在景园规划设计等方面,在建筑学中体现在景观建筑学方面。在城市设计中,如城市广场设计、城市滨水区设计、城市公园设计等都有许多专业人士在从事景观设计的工作。

目前,景观规划与设计不仅取得了很大的进步,而且在运用新技术方面也取得了一定的发展。场地设计、景观生态分析、风景区分析等方面都开始对 RS、GIS 和 GPS 的运用进行研究。

景观设计或景观工程实践的整体框架大致应该包括以下层次和内容。

(1)国土规划:自然保护区规划(见图 1-9)、国家风景名胜区保护开发和规划。

图 1-9　自然保护区规划

(2)场地规划:新城建设,城市再开发,居住区开发,河岸、港口、水域利用,开放空间与公共绿地规划(见图 1-10),旅游游憩地规划。

(3)城市设计:城市空间创造,城市设计研究、城市街景广场设计(见图 1-11)。

(4)场地设计:科技工业园设计、居住区景观设计(见图 1-12)、校园设计。

(5)场地详细设计:建筑环境设计(见图 1-13),园林建筑小品设计,店面、灯光设计。

图 1-10　公共绿地规划

图 1-11　城市街景广场设计

图 1-12　居住区景观设计

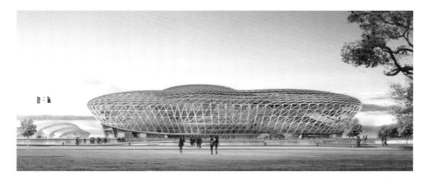

图 1-13　建筑环境设计

　　仁者见仁,智者见智,景观规划与设计的概念和实践范畴是随着社会的发展在不断演变和扩充的。此外,在不同的国家其具体的实践领域也有所差别,这不仅和学科本身的发展关系紧密,而且和当地实际的经济发展状况也有密切的关系。

第五节
景观设计的发展状况

目前中国的城镇化水平约为 60%,在未来 15 年,有望达到 70% 以上。中国的人地关系将面临空前的紧张状态。设计人与土地、人与自然和谐的人居环境是当前的一大难题和热点,也是未来几个世纪的主题之一。景观设计具有广阔的应用前景。

目前,中国的城市建设规模和速度都前所未有,城镇发展成为当今和未来可预见时段内的一个令人鼓舞的主流。同时,也必须认识到城市建设的问题已十分严重,如破坏历史文化和风景名胜等。而所有这些问题的根源在于专业教育的缺乏。在专业教育方面,专业设置不尽合理,课程设置不尽合理,教材陈旧,教师素质有待提高,教育技术与方法落后,学生的刻苦学习精神有待增强等,已成为加强专业教育和人才培养所必须要解决的问题。

由于历史的原因,中国的建筑、规划、园林、环境等设计学科分别设在建筑类、工程类、环学类、林学类的院校中。因此,综合型的设计高级人才目前十分短缺。中国应有自己的人才来主导本国的设计。

景观设计在国外发展的历史比较长,但在国内才刚刚拉开序幕。在国内与景观设计相近的专业也在从事景观设计的项目,比如建筑、园林、环境设计、城市规划等专业。另外,一些环艺设计公司、房地产开发公司、园林公司也随着目前的景观热潮,从事一些视觉产品的销售和项目终端的实施。

Jingguan Sheji Jichu

第 二 章

景观设计的理论基础

景观设计的宗旨是为人们规划设计适宜的人居环境,具体讲是通过对具体地块的合理分析,做出其用途的进一步安排,通过设计解决人们一切户外空间活动的问题。景观设计和相近学科的发展,是人们对人地关系认识的进步。地块上的一切安排都是为使用它的人提供方便,人们对地块的安排也要尊重自然地形,以达到人地和谐的目的。因此,景观设计离不开对生态学和人类行为的研究。

第一节
景观生态学基础

一、生态学

生态学(ecology)一词源于希腊文"Oikos",原意是房子、住所、生活所在地,"ecology"是生物生存环境科学的意思。德国动物学家 Haeckel 在 1866 年首次将生态学定义为研究有机体与其周围环境(包括非生态环境和生态环境)相互关系的科学。生态学由于其综合性和理论上的指导意义而成为现今社会无处不在的科学。

二、景观生态学

景观生态学是工业革命后一段时期内人类聚居环境生态问题日益突出,人们在追求解决途径的过程中产生的。景观生态学是 1939 年德国生物地理学家 Troll 提出来的。他指出景观生态学由地理学的景观和生物学的生态学两者组合而成。这使人们对景观生态的认识提升到了一个新的水平。后来,德国另一位学者 Buchwald 进一步发展了景观生态的思想,他认为景观是个多层次的生活空间,是由生物圈组成的相互作用的系统。

美国景观设计之父奥姆斯特德虽然很少著书立说,但他的经验——生态思想、景观美学和关系社会的思想却通过他的学生和作品对景观规划设计产生了巨大的影响。

第二次世界大战后,工业化和城市化的迅速发展使城市扩大,生态环境系统遭到破坏。Ian Lennox McHarg 作为景观设计的重要代言人,与一批城市规划师、景观建筑师开始关注人类的生存环境,并且在景观设计实践中进行了不懈的探索。他的《设计结合自然》奠定了景观生态学的基础,建立了当时景观设计的准则,标志着景观规划设计专业承担起后工业时代重大的人类整体生态环境设计的重任,使景观规划设计在奥姆斯特德奠定的基础上又大大扩展了活动空间。他反对以往土地和城市规划中功能分区的做法,强调土地利用规划应遵从自然固有的价值和自然过程,即土地的适宜性。McHarg 的理论关注了某一景观单元内部的生态关系,忽视了水平生态过程,即发生在景观单元之间的生态流。

现代景观规划理论强调水平生态过程与景观格局之间的相互关系,研究多个生态系统之间的空间格局及相互之间的生态系统,并用"斑块—廊道—基质"来分析和改变景观。

三、景观生态要素

景观设计中要设计的要素包括水环境、地形、植被、气候等几个方面。

1. 水资源

水是生物生存必不可少的物质资源。地球上的生物生存繁衍都离不开水资源。同时,水资源又是一种能源,在城市,水资源又是景观设计的重要造景素材(见图2-1)。一座城市因山而显势,因水而有灵。水在城市景观设计中具有重要的作用,同时还具有净化空气、调节局部小气候的功能。因此,在当今城市发展中,有河流水域的城市都十分关注对滨水地区的开发、保护,临水土地的价值也一涨再涨。人们已经认识到水资源除了对城市的生命力有支持作用外,还在城市的发展中有重要作用。在中国,对城市河流的改造已经达成共识,但是对具体的改造和保护水资源的措施却存在着严重的分歧。比如对河道进行水泥护堤的建设,忽视了保持河流两岸原有地貌的生态功效,出现河水无法被净化等问题。

图2-1　水资源

在城市景观设计中利用水资源方面,美国景观设计学家西蒙兹提出了十条水资源管理原则:

(1)保护流域、湿地和所有河流水体的堤岸。

(2)将任何形式的污染减至最小,创建一个净化的计划。

(3)土地利用分配和发展容量应与合理的水分供应相适应,而不是反其道而行之。

(4)返回地下含水层的水质和量与水利用保持平衡。

(5)限制用水以保持当地淡水存量。

(6)通过自然排水通道引导地表径流,而不是通过人工修建的雨水排水系统。

(7)利用生态方法设计湿地进行废水处理、消毒和补充地下水。

(8)地下水供应和分配的双重系统使饮用水和灌溉及工业用水有不同税率。

(9)开拓、恢复和更新被滥用的土地和水域,达到自然、健康状态。

(10)致力于推动水的供给、利用、处理、循环和再补充技术的改进。

2. 地形

大自然的鬼斧神工为地球表面营造了各种各样的地形(见图2-2),如平原、丘陵、山地、江河湖海。人们在经过长久的摸索后,选择了适合生存居住的盆地、平原、临河高地。在这些既有水源又可以获得食物或可进行种植的地方,人们繁衍出地域各异的世界文明。

在人类的进化过程中,人们对地形的态度经过了顺应—改造—协调的变化。在这个过程中,人们付出

图 2-2　地形

了巨大的代价。现在,人们已经开始在城市建设中关注对地形的研究,尽量减少对原有地貌的改变,维持其原有的生态系统的平衡。

在城市化进程迅速加快的今天,城市发展用地略显局促,在保证一定的耕地的条件下,条件较差的土地开始被征为城市建设用地。因此,在城市建设中,如何获得最大的社会、经济和生态效益是人们需要思考的问题。尤其是在进行场地设计时,由于场地设计的工程量较大且烦琐,因此可以考虑采用 GIS、RS 等新技术进行设计。可以在项目进行之前,对项目的影响进行可视化分析。

3. 植被

植被(见图 2-3)不但可以涵养水源,保持水土,而且具有美化环境、调节气候、净化空气的功效。植被是景观设计的重要设计素材之一,因此在城市总体规划中,城市绿地规划是重要的组成部分。对城市绿地的安排,如城市公园、居住区游园、街头绿地、街道绿地等,使城市绿地形成系统。城市规划中采用绿地比例作为衡量城市景观状况的指标,一般有城市公共绿地指标、全部城市绿地指标、城市绿化覆盖率。

此外,在具体的景观设计实践中,还应该考虑树形、树种等因素,考虑速生树和慢生树的结合等因素。

图 2-3　植被

4. 气候

一个地区的气候是由其所处的地理位置决定的,一般来说纬度越高,温度越低。而局部小气候往往是很多因素综合作用的结果,如地形地貌、森林植被、水面、大气环流等。因此,城市就易出现"城市热岛"的现象,而郊区的气温就凉爽宜人。如图 2-4 所示为热带景象。

图 2-4　热带景象

在人类社会的发展中,人们会有意识地在居住地周围种植一定的植被,或者将住所选择在靠近水的地方。人类社会发展的经验对学科的发展起到了促进作用。城市规划、建筑学、景观设计等领域都关注如何利用构筑物、植被、水体等来改善局部小气候。具体的做法有以下一些。

(1)对建筑形式、布局方式进行设计、安排。

(2)对水体进行引进。

(3)保护并尽可能扩大原有的绿地和植被面积。

(4)对住所周围的植被包括树种、位置进行安排,实现四季花不同、一年绿常在。

总之,在进行景观设计时要充分运用生态学的思想,利用实际地形,降低造价成本,积极利用原有地貌创造良好的居住环境。

第二节
行为地理学

一个地方特有的地形地貌和居民的风土人情或性格之间有着一定的联系,如草原上的人豪爽,黄土地上的人憨厚纯朴,江南的人精明能干等。环境对人性格的塑造在某种程度上起着一定的作用。因此,环境和人的行为、心理之间存在着一定的联系,其研究最早起源于行为地理学。

行为地理学是研究人类在地理环境中的行为过程、行为空间、区位选择及其发展规律的科学。它是 20 世纪 60 年代末西方人文地理学发展中出现的新的分支学科,也有学者将其作为一种新的人地关系的思想观点和人文地理学的基本方法。行为地理学是人文地理学工作者借鉴心理学、行为科学、哲学和社会学等学科的研究成果,在人文地理学研究范畴开辟的新研究领域,主要是从人类行为的角度,采用非规范和非机械

的整体方法,研究人类对不同地理环境的认识过程和行为规律。

行为地理学的研究成果被许多领域关注、借鉴,如城市学家、社会学家、建筑设计师等。1960 年前后,E. T. Hall 提出了"空间关系学"的概念,并在一定程度上将这种空间尺度进行量化:密切距离(0～0.45 m)、个人距离(0.45～1.20 m)、社交距离(1.20～3.60 m)、公共距离(7～8 m)。20 世纪 60 年代后,这种理论开始对设计学起到指导作用。挪威建筑学教授 Christian Norberg-Schulz 写的《存在·空间·建筑》对空间的理解和分析比过去前进了一大步。美国加州建筑学教授 Christopher Alexander 在 20 世纪 60—70 年代的论文和著作中用了很多心理学的观点来分析探讨建筑中的形式问题。1960 年 Kevin Lynch 的《城市意象》尝试找出人们头脑中的意向,并将之表达出来,应用于城市景观设计。他通过收集居民回答的问题和一些城市意向图资料,发现其中有许多不断出现的要素、模式。这些要素基本上可以分为五类:道路(path)、边界(edge)、区域(district)、中心与节点(node)、标志物(landmark)。

环境空间会对人的行为、性格和心理产生一定的影响,进而会影响一个民族的气质,同时人的行为也会对环境造成一定的影响,尤其体现在城市居住区、城市广场、城市公园街道、工厂企业园区、城市商业中心等人工环境的设计和使用上。

一、人类活动的行为空间

行为空间是指人们活动的地域,包括人类直接活动的空间范围和间接活动的空间。直接活动空间是人们日常生活、工作、学习所经历的场所和道路,是人们通过直接的经验所了解的空间。间接活动空间是指人们通过间接的交流所了解到的空间,包括通过报纸、杂志、广播、电视等宣传媒体了解的空间。人们的间接活动空间比直接活动空间大得多。直接活动空间与人们的日常行为活动关系极为密切,间接活动空间则激励人们进行进一步的空间探索,从而产生迁移行为活动。

人们的活动行为是进行景观设计时确定场所和流动路线的基础。

行为地理学将人类的日常活动行为空间分为以下三个方面。

(1)通勤活动的行为空间。

(2)购物活动的行为空间。

(3)交际与闲暇活动的行为空间。

通勤活动的行为空间(见图 2-5)主要是指人们上学、上班过程中所经过的路线和地点。这时,人们(包括外地游览观光者在内)对景观空间的体验是对由建筑群体组成的整体街区的感受。景观设计在这个层面上应当把握局部设计与整体的融合。

购物活动的行为空间(见图 2-6)受到消费者特征的影响、商业环境的影响、居住地与商业中心距离的影响。在这个层面上主要考虑商业环境及其设施的设计,除了可以完成人们身心愉悦的购物行为外,还要在一定程度上满足人们休息、游玩等的需求。商业环境的成功营造不但可以改变城市地价、提升城市活力,而且会提升城市品牌。从这个意义上讲,良好的景观设计是经营城市的重要途径之一。

交际与闲暇活动的行为空间如图 2-7 所示。朋友、同事、邻里和亲属之间的交际活动是闲暇活动的重要组成部分。这些行为往往在广场、公园、体育活动场所及家里发生。为这些行为所设计的场所是景观设计的重要内容。

图 2-5　通勤活动的行为空间

图 2-6　购物活动的行为空间

图 2-7　交际与闲暇活动的行为空间

以上三种行为空间与其相应的景观设计实践不是截然分开的,它们之间存在着密切的联系。在进行具体的项目设计时要通盘考虑,突出重点。

有些观点将人类行为简单地分为以下三类。

(1)目的性强的行为,即设计时常常提到的功能性行为,如商店的购物功能、展览馆的展示功能、公园的游览观赏功能等。

(2)伴随主目的的行为习性,典型的是抄近路。一般来讲,在到达目的地的前提下,人会本能地选择最近的道路。因此,在进行居住区道路、游园、街头广场绿地的设计时,都要考虑这一点。

处理方法:按照传统的观点对抄近路的处理方式是利用围墙、绿化、高差进行强行调整。这种处理方法可以解决问题,但给人的感受是场地使用不方便。因此,较好的处理方法是充分考虑人的行为习性,按照人的活动规律进行路线的设计。例如,有一座公园的线路设计,在公园主体建设完成后,草坪中的碎石铺路还没有完成。设计人员的做法是等冬天下雪后,以人们留下的最多的脚印痕迹确定碎石的铺设线路。这既充分考虑了人的行为,又避免了不合理铺设路线的财力、物力的浪费。在很多地方可以发现,游园或草坪中铺设了碎石或各种材质的人行道,但在其周围不远的地方常常有人们踩出来的脚印。这说明,铺设的线路存在一定的不合理性。铺设线路与人的行为轨迹如图 2-8 所示。

(3)伴随强目的的行为的下意识行为。这种行为比前面两种更能体现人的潜意识和本能,如人们的左转习惯。人们意识不到自己习惯左转弯,但是实验证明,如果防火楼梯和通道设计成右转弯,疏散的速度会

几何形态的中心绿地

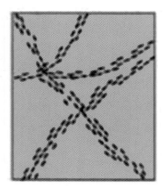
人的行为轨迹

受到欢迎的中心绿地

图 2-8　铺设线路与人的行为轨迹

减慢。这种行为往往不被人重视,但却是非常重要的。

二、人类对其聚居地和住所的需求

1. 安全性

安全是人类生存的最基本的条件,包括生存条件和生活条件,如土地、空气、水源、适当的气候、地形等因素。这些条件的组合要满足人类在生存方面的安全感。

2. 领域性

领域性可以理解为在保证有安全感的前提下,人类从生理和心理上对活动范围要求有一定的领域感,或领域的识别性。在居住区等具有场所感的地方,领域性体现为个人或家庭的私密或半私密空间,或者是某个群体的半公共空间。一旦有领域外的因素入侵,领域感受到干扰,领域内的主体就会产生不适。领域性的营造可以通过植被的设计运用实现。

3. 通达性

远古人们无论是选择居住地还是修建一个住所,都希望有观察四周的视线和危险来临时迅速撤离的通道。现在,人们对住所除了有安全、舒适的要求外,一般来讲,在没有自然灾害的情况下,人们一样会选择视野开阔、能够和大自然充分接触的场所。在保证领域性的同时,能和外界保持紧密的联系。

4. 对环境的满意度

人们除了心理和生理上的需求外,还有一种难以描述清楚的对环境的满意度要求,可以理解为对周围的树林、草坪、灌木、水体、道路等因素的综合视觉满意程度。人们虽然无法提出详细、具体的要求目标,但对居住地和住所有一个模糊的识别或认可的标准,比如可以划分为喜欢、不喜欢、厌恶,满意、一般、不满意等。

了解人类的基本空间行为和对周围环境的基本需求后,在进行景观设计时心里就有一个框架或一些原则来指导具体的设计思路和设计方案。因此,行为地理学是景观设计过程中内在的原则之一,它虽然不直接指导具体的设计思路,但却是方案设计和确定的基础,否则设计的方案只是简单的构图,不能很好地给使用者提供舒适的活动空间和场所。此外,简单的构图创作除了不能满足实用功能外,还会造成为了单纯的构图效果浪费大量项目建设资金及由于管理不善引起资金流失等问题。

第三节
景观设计要素

景观设计要素或内容包括地形地貌、植被、地面铺装、水体和景观小品。其中,地形地貌是设计的基础,其余是设计的一般要素。

一、地形地貌

地形地貌(见图2-9)是景观设计最基本的场地和基础。地形地貌总体上分为山地和平原,进一步可以划分为盆地、丘陵,局部可以分为凹地、凸地等。在进行景观设计时,要充分利用原有的地形地貌,考虑生态学的观点,营造符合当地生态环境的自然景观,减少对其环境的干扰和破坏。同时,可以减少土石方量的开挖,节约经济成本。因此,充分考虑利用地形特点,是安排布置好其他景观元素的基础。

图 2-9　地形地貌

在具体的设计表现手法方面,可以采用 GIS 新技术,如利用 VR 仿真技术进行三维地形的表现,以便真实地模拟实际地形,表达景观设计后的场景效果,更好地和客户进行交流沟通。

二、植被设计

植被是景观设计的重要素材之一。景观设计中的植被素材包括草坪、灌木和各种大小乔木等。巧妙合理地运用植被不仅可以成功营造出人们熟悉喜欢的各种空间,而且可以改善局部气候环境,使住户和朋友、邻里在舒适愉悦的环境里完成交谈、照看小孩等活动。植被设计如图2-10所示。

植被的功能包括视觉功能和非视觉功能。非视觉功能指植被改善气候、保护物种的功能;植被的视觉

图 2-10　植被设计

功能指植被在审美上的功能,如使人感到心旷神怡。利用植被的视觉功能可以实现空间分隔、形成景观装饰等。

Gary O. Robinette 在其著作《植物、人和环境品质》中将植被的功能分为四大方面:建筑功能、工程功能、调节气候功能和美学功能。

(1)建筑功能:界定空间、遮景、提供私密性空间和创造系列景观等,即空间造型功能。

(2)工程功能:防止眩光,防止水土流失,降低噪声及交通视线诱导。

(3)调节气候功能:遮阴、防风、调节温度和影响雨水的汇流等。

(4)美学功能:强调主景、框景及美化其他设计元素,使其作为景观焦点或背景。

另外,利用植被的色彩差别、质地等特点,还可以形成小范围的特色,以提高居住区的识别性,使居住区更加人性化。

三、地面铺装

地面铺装和植被设计有一个共同的功能:交通视线诱导(包括人流、车流)。这里再次提起植被设计,是希望大家不要忘记,无论是运用何种素材进行景观设计,首要的目的是满足设计的实用功能。地面铺装和植被设计(见图 2-11)在手法上表现为构图,但其目的是方便使用者,提高对环境的识别性。在明晰了设计的目的后,可以放心地探讨地面铺装的作用、类型和手法。

地面铺装的作用有以下几个方面。

(1)适应地面高频度的使用,避免雨天泥泞难走。

(2)给使用者提供适当范围的坚固的活动空间。

(3)通过布局和图案引导人行流线。

根据铺装的材质,地面铺装分为以下类型。

(1)沥青路面:多用于城市道路、国道。

(2)混凝土路面:多用于城市道路、国道。

(3)卵石嵌砌路面:多用于各种公园、广场。

(4)砖砌铺装:用于城市道路、小区道路的人行道、广场。

(5)石材铺装。

图 2-11　地面铺装与植被设计

（6）预制砌块铺装。

地面铺装的手法在满足实用功能的前提下，常常采用线性、流行性、拼图、色彩材质的搭配等手法，为使用者提供活动的场所或者引导行人通达某个既定的地点。

四、水体设计

一座城市会因山而显势，因水而有灵。喜水是人类的天性。水体设计（见图 2-12）是景观设计的重点和难点。

图 2-12　水体设计

景观设计大体将水体分为静态水和动态水两种。水体设计要做到静而安详、动有灵性。

根据水景的功能，还可以将水体分为观赏类、嬉水类两类。

水体设计要考虑以下几点。

（1）水体设计和地面排水结合。

（2）管线和设施的隐蔽性设计。

（3）防水层和防潮性设计。

（4）水体设计与灯光照明相结合。

（5）寒冷地区考虑结冰防冻。

五、景观小品

景观小品主要指各种材质的公共艺术雕塑和艺术化的公共设施,如垃圾箱、座椅、公用电话、指示牌、路标等(见图 2-13 至图 2-15)。

图 2-13　景观雕塑一

图 2-14　景观雕塑二

图 2-15　景观公共设施

第四节
景观设计的方法

景观设计是多项工程相互配合、相互协调的综合设计,就其复杂性来讲,需要考虑交通、水电、园林、市政、建筑等各个技术领域。只有掌握了各种法则法规,才能在具体的设计中运用好各种景观设计要素,安排好项目中每一地块的用途,设计出符合土地使用性质的、满足客户需要的、比较适用的方案。景观设计中一般以建筑为硬件,以绿化为软件,以水景为网络,以小品为节点,采用各种专业技术手段辅助实施设计方案。

一、构思

构思是一个景观设计最重要的部分,也可以说是景观设计的最初阶段。从学科发展方面和国内外景观实践来看,景观设计的含义相差甚大。这里认为,景观设计是关于如何合理安排和使用土地,解决土地、人类、城市和土地上的一切生命的安全与健康以及可持续发展的问题。它涉及区域、新城镇、邻里和社区规划,公园规划,交通规划,校园规划,景观改造和修复,遗产保护,花园设计,疗养院及其他特殊用途区域等很多领域。同时,从目前国内很多的实践活动和学科发展来看,景观设计着重于具体的项目本身的环境设计,这里认为是狭义上的景观设计。两种观点并不相互冲突。

基于以上观点,无论是关于土地的合理使用,还是一个狭义的景观设计方案,构思都是十分重要的。

构思首先考虑的是满足其实用功能,既要充分为地块的使用者创造满意的空间场所,又要考虑不破坏当地的生态环境,尽量减少项目对周围生态环境的干扰。然后,采用构图及各种手法进行具体的方案设计。

二、构图

在构思的基础上进行构图,构思是构图的基础,构图始终要围绕着满足构思的所有功能。景观设计构图包括平面构图组合和立体造型组合两个方面的内容。

(1)平面构图:主要是将交通道路、绿化面积、小品位置,用平面图示的形式,按比例准确地表现出来。图 2-16 所示为原青羊北路小学的规划设计。

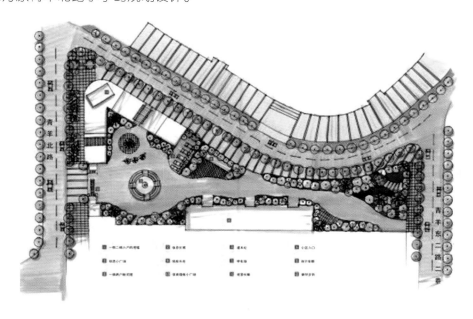

图 2-16　原青羊北路小学规划设计(设计者:单宁)

(2)立体造型:从整体来讲,是地块上所有实体内容的某个角度的正立面投影;从细部来讲,主要选择景物主体与背景的关系来反映。

三、对景与借景

景观设计的平面布置中,往往有一定的建筑轴线和道路轴线,在尽端安排的景物称为对景。对景往往是平面构图和立体造型的视觉中心,对整个景观设计起着主导作用。对景可以分为直接对景和间接对景。直接对景是视觉最容易发现的景,如道路尽端的亭台(见图2-17)、花架等,一目了然;间接对景不一定在道路的轴线上或行走的路线上,其布置的位置往往有所隐蔽或偏移,给人以惊异或若隐若现之感。

图 2-17 道路尽端的亭台

借景也是景观设计常用的手法。通过建筑的空间组合,或建筑本身的设计手法,将远处的景致借用过来。如苏州拙政园(见图2-18),可以从多个角度看到几百米以外的北寺塔。这种借景的手法可以丰富景观的空间层次,给人极目远眺、身心放松的感觉。

图 2-18 苏州拙政园

四、隔景与障景

"俗则屏之,嘉则收之"是我国古代造园的手法之一,在现代景观设计中,也常常采用这样的思路和手法。隔景是将好的景致收入景观中,将乱、差的地方用树木、墙体遮挡起来。障景是直接采取截断行进路线或逼迫其改变方向的办法用实体来完成的。图2-19所示是隔景与障景在园林设计中应用的示例。

图 2-19　隔景与障景在园林设计中应用的示例

五、引导与示意

　　引导的手法是多种多样的,采用的元素有水体、铺地等。示意的手法包括明示和暗示。明示是指采用文字说明的形式,如路标、指示牌(见图 2-20)等小品。暗示可以通过地面铺装、树木的有规律布置等形式指引方向和去处,给人以身随景移、"柳暗花明又一村"的感觉。

图 2-20　指示牌

六、渗透和延伸

　　在景观设计中,景区之间并没有十分明显的界线,而是你中有我、我中有你,渐而变之的。在设计中经常采用草坪、铺地等的延伸、渗透,起到连接空间的作用,使景物在不知不觉中发生变化,使人在心理上不会觉得"戛然而止",给人良好的空间体验。景观渗透与延伸如图 2-21 所示。

图 2-21　景观渗透与延伸

七、尺度与比例

　　景观设计的主要尺度依据在于人们在建筑外部空间的行为,人们的空间行为是确定空间尺度的主要依据。如学校的教学楼前的广场或开阔空地,尺度不宜太大,也不宜过于局促。太大了,学生或教师使用、停留时会感觉过于空旷,没有氛围;过于局促,又会失去一定的私密性。因此,无论是广场、花园或绿地都应该依据其功能和使用对象确定其尺度和比例。关于具体的尺度、比例,许多书籍资料都有描述,但最重要的是从实践中感受和把握。景观设计的尺度与比例如图 2-22 所示。

图 2-22　景观设计的尺度与比例

八、质感与肌理

　　景观设计的质感与肌理主要体现在植被和铺地方面。不同的材质通过不同的手法可以表现出不同的质感与肌理效果,如花岗石的坚硬和粗糙、大理石的纹理和细腻、草坪的柔软、水体的轻盈。合理运用这些不同的材料,有条理地进行变化,将使景观富有更深的内涵和趣味。景观中质感与肌理的体现如图 2-23 所示。

图 2-23　景观中质感与肌理的体现

九、节奏与韵律

节奏与韵律（见图 2-24）是景观设计中常用的手法。在景观的处理上,节奏包括铺地中材料有规律的变化,灯具、树木排列中相同间隔的安排,花坛座椅的均匀分布等。

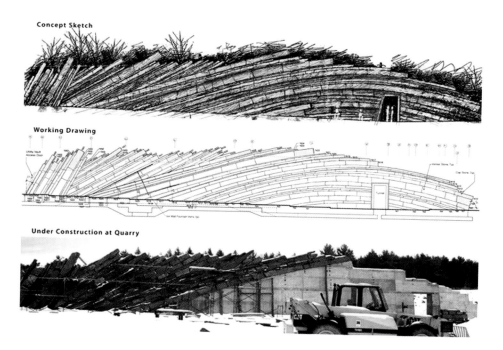

图 2-24　节奏与韵律

以上是景观设计中常采用的一些手法,它们是相互联系、综合运用的,并不能截然分开。只有了解了这些方法,参与了更多的专业设计实践,才能很好地将这些设计手法熟记于心,灵活运用于方案设计之中。

Jingguan Sheji Jichu

第三章
庭院设计

庭院设计主要指建筑群、建筑单体的室外空间设计。庭院设计在国外多是一些别墅的庭院设计；在国内主要指居住区庭院的景观设计（使用者主要是居住区内的居民），以及公司、团体或机构的建筑庭院设计（使用者是公司职员或来访客人）。社会的进步、经济的发展会给人们更多的机会去追求更好的生活空间和居住条件。本章以独立住宅为主介绍庭院设计的方法、步骤，以便读者了解一个项目的始末，主要内容包括住宅基地和室外空间的环境设计、整体设计过程等。

欧式庭院风景如图 3-1 所示。

图 3-1　欧式庭院风景

第一节
住宅基地的组成

单体别墅或联排别墅周围大都是宽敞的草地或其他各式各样的植被。住宅建筑一般布置在基地的中央，自然地形成了前院、后院和住宅。

1. 前院

前院一般是住宅的公共环境。

大多数住宅用地的前院有两个基本功能：

（1）通过前院观赏住宅的环境或前景。

（2）前院是通达住宅内部的一个公共区域。

从景观学角度考虑，前院为欣赏住宅提供了一个"背景"。作为一个公共区域，它是住宅主人及其亲戚、朋友和其他拜访者进入住宅的重要通道，它是进入住宅的"入口"。

2. 后院

后院带有一定的私密性，是住宅中变化最多的地方。

后院是容纳多种活动的场所：

（1）接待客人。

(2)娱乐活动。

(3)读书、写作。

(4)修理活动、制作活动等。

从目前的资料和实际的情况来看,后院的设计布置在景观设计上还有许多不足之处,如布置形式过于简单、私密性差、实用性低等缺点,还需要设计者做更多的工作。

3. 住宅

住宅通常指"家"。景观设计中的住宅设计与建筑设计及室内装修设计关系密切。住宅的风格大多由建筑设计师的爱好和住宅主人的个人偏好决定。

第二节
室 外 空 间

庭院设计的重点在于室外空间的设计。室外空间设计的重要性在于住宅用地设计不仅是一个在地面上的二维空间式样的创造或是沿着房子周边布置植物,而且是一个空间的三维组织活动。空间是人们生活、学习、娱乐和交流的场所。因此,所有组成室外空间的元素,如植物、人行道、墙体、围栏及其他的结构,都应被看作有形元素来对室外空间进行限定。庭院空间设计作品如图 3-2 所示。

图 3-2　庭院空间设计作品

一、空间

空间是用来形容由环境元素中边线和边界所形成的三维场所。例如,室内空间是存在于建筑中的地板、墙体和天花板之间的部分。同样,室外空间可以看成是由诸如地面、灌木、围墙、栅栏、树冠等有形元素围成的空间。

室内空间由地面、屋顶、围墙围成,室外空间可以用一定的自然材料围成。良好的室外空间可以看成是室内空间的自然延伸,可以得到和室内空间一样的有效利用。

一个有用的空间具备的特点是有足够的空间、充分的私密性、一定的装饰、适当的家具等。

二、理解室外空间

理解室外空间的有效方法是把它当作类似于住宅内部房间的"室外房间"。房间由地板、墙壁、天花板来界定,形成一种围合的感觉。这个空间同样存在着入口空间、娱乐空间、工作空间等部分。不同的是组成这些空间的素材要靠筛选和组织设计,创造良好的室外空间。

三、室外空间的组成

通常可以将室外空间界面简化为地面、垂立面、顶面三个部分。这三个部分界定的空间包含人们精神意愿或下意识中应该具有的功能分区,如入口空间、娱乐空间、工作空间等。

营造一个成功的空间就是要采用合适的材质对地面、垂立面、顶面进行安排,如:地面可以采用不同色彩的地砖、草坪(地砖可以有不同的形状、大小、颜色,草坪可以有不同的纹理特点等),垂立面可以采用小乔木、栅栏或矮墙加藤蔓植物,顶面可以采用乔木、凉亭、棚架、藤架等。总之,结合色彩、质地、纹理等方面采用不同的材料,并加以适当安排可以成功地营造出人性化的空间。

四、户外休闲空间分析

户外空间的使用对象可能是儿童、老人,也可能是年轻人。不同的使用对象有不同的使用特点。了解了这些后,在实际进行项目设计时就能给客户提供有特色的设计方案。

五、儿童户外休闲空间

儿童游戏分为角色游戏、数学游戏和活动游戏。在生活居住区,儿童的户外活动分为同龄聚集性的、季节性的、时间性的、自我为中心的。年龄的组成分为 2 周岁以前、2～6 周岁、6～12 周岁、12 周岁以上的青少年。儿童游戏场地的规划与设计分住宅庭院内部的、住宅组团内部的、居住小区中心的、居住区中心的、公园内的、专门的、特殊的等几种。儿童户外休闲空间设计如图 3-3 和图 3-4 所示。

图 3-3　儿童户外休闲空间设计一

图 3-4　儿童户外休闲空间设计二

1. 儿童的户外休闲

为儿童提供必要的活动设施的公园和景区是非常受家长欢迎的。在小区中、在公园的某个地方放一些儿童游乐设施,不仅是孩子的游乐场,而且是家长的社交场所。举行户外娱乐活动与室内的活动同等重要,儿童身体的发育与跑、跳、攀爬等运动关系密切,同时对儿童的心理发展也很重要。儿童对环境的反应比成年人更直接、活跃,他们总能发现高低、远近、软硬、暗亮的区别,这些又能激发他们的想象力并增强他们的学习兴趣。许多研究表明,孩子能够发现多种接触自然环境的游戏方式。

2. 基于儿童身体特点的设计要点

设计儿童户外娱乐设施要注意儿童的身体特点。不能用成年人的观察视角去观察儿童。户外娱乐空间设施要注意儿童的身体强度和忍受度,不能用成人的运动强度及运动量或是成人探险、冒险的趣味程度来要求儿童,否则势必会带来危险和伤害。

户外区域的设施陈设及其周边的环境要同室内的一样安全。从一个区域转到另一个区域要自然轻松。户外的场地布置可以采用多种多样的形式,如沙滩、山丘、草地、树叶,光滑的、粗糙的,软质的、硬质的,都可以尝试使用。

提供多种游戏方式和设施,不要只提供单一的秋千、跷跷板等设施,要提供适合儿童运动量的器具,提供多种成套的游乐设施以丰富环境,要保留或创建一些自然区域,提供足够的沙子、泥和水组成的玩沙区。玩沙区要与器械区及其他干净的区域合理分隔。

提供多种多样的游乐器械。要有一些游乐器械,保留民间传统游戏,或是对一些传统的民间儿童游戏进行再设计并合理利用,考虑游戏娱乐设施的可拆卸性以适应不同时期的要求。器械可由不同部件组成。

要考虑安全性,器械下面要有弹性面材,如草皮、沙或其他软质材料。要达到行业规范要求,严禁有卷入、突出、尖锐棱角等危险结构存在。

大范围或多项目的儿童游乐场所内要考虑建立辅助性设施,如公共厕所是必不可少的。要提供能饮用又能清洗的水源,许多景区都有饮水器这样的设施,可提供饮用水,也可作为游乐结束后清洗的水源。要有足够多的供儿童及家长休息的座椅,儿童在游乐时家长要有休息的地方。

选择合适的地点,可以选择在安静的小区绿地花园中,在幼儿园内外的绿色空地,在公园、景区内单独开辟儿童户外娱乐场所,也可以在城市中繁华的商场外提供一个半封闭的户外儿童场所。户外儿童场所要远离公路等地段和喧闹、混乱、污染等不利于儿童安全及健康的环境。大龄儿童或青少年活动场所要与幼龄儿童区分开来。父母与幼儿一起娱乐游玩的特点要加强。

3. 青少年户外休闲空间建设

青少年通常是户外设施设计时最少被关注的人群。的确,为这么大的孩子设置户外设施较为困难。现今的青少年早熟现象反映出许多客观的问题。他们模仿成年人的生活方式和行为,但其心智却未成熟。他们认为自己已经长大,不需要父母及其他外界的引导了,但仍需要父母和社会的关爱。对有这种复杂心理的青少年进行正确引导是设计师乃至全社会不可推卸的责任。

(1)自主性强,不受支配。

青少年户外游乐设施的建设面临这样的问题:不能像对待幼龄儿童那样,增加一些设施让父母带他们来玩。青少年游玩通常是三五成群地自主寻找方式和器械,带有几分冒险、刺激的活动是较能吸引他们的。

他们的活动空间比幼龄儿童户外活动空间更大、更复杂,俯冲、滑行、躲藏或利用自然条件在土里挖掘、在灌木丛中探险、在小溪中捕鱼等有情节、有主题的活动是受他们喜爱的。

青少年户外活动如图 3-5 所示。

图 3-5　青少年户外活动

(2)在游戏中进行知识、人格的培养。

可以将杠杆、滑轮、离心力、回声等知识运用到他们的娱乐中去,让他们在娱乐的同时不自觉地对知识进行了解和掌握。同时可以设计许多集体的游戏和器械,通过几组或几个孩子的参与,培养他们的合作精神。

(3)传统活动设施的建设。

传统活动设施指孩子经常玩的或易接受的活动设施,如场地比赛、小型足球场就足以引来许多孩子。同样,简易的户外篮球、排球、乒乓球、网球场所都是孩子喜爱的。草地运动、慢跑、滑雪、滑冰、野餐都是孩子喜欢的。与幼龄儿童游乐设施一样,这些设施应根据不同地点选用不同的设计和建设方式。同时,可选择不同的户外活动方式,在不同的场合中较好地运用。

青少年草地上的足球运动如图 3-6 所示。

(4)青少年需要一些私密的空间。

青少年需要一些私密的空间,在形式处理上要做到较多的空透与亮化,在设施选择上应该注意耐用和防止碰撞等因素。

(5)合理引导,充分利用青少年的成长心理化不利因素为有利条件。

青少年期望长大成熟,利用这种心理在娱乐空间场所的建设中提供较私密的个人空间或开展以可靠和安全为前提的冒险和刺激的娱乐活动,让青少年的某些心理在娱乐中得到满足和宣泄,培养较为健全的人

图 3-6　青少年草地上的足球运动

格和心智,对课堂内的知识做必要的补充。

第三节
设 计 过 程

对独立住宅来讲,应该具备供人社交、娱乐、放松、休闲、进餐以及工作的室外空间。一个室外空间的设计就是对以上全部或部分功能空间的设计,就是在地面、垂立面、顶面界定的三维空间中进行创作。

具体的设计过程主要包括以下几个阶段:调研与准备阶段、设计阶段、绘制施工图阶段、施工阶段等。

一、调研与准备阶段

调研与准备阶段主要是会见客户,了解客户的喜好、需求以及预备的资金,掌握客户的主要信息。

绘制关于基地现状和特点的草图,收集住宅的平面图、地产勘测图等资料。

分类记录与分析基地资料,包括基地位置、地形、排水、土壤、植被、气候等资料,以备设计时充分考虑。

制订设计计划。

二、设计阶段

在调研与准备阶段主要的资料收集工作完成之后就可以进入设计阶段了。一般来讲,从设想到总体再到具体,设计阶段要经过三个主要步骤。

(1)功能图解(设想):安排地块空间中的主要功能空间,用图解符号表示出来,并标明它们之间的关系及其与住宅基地之间的关系,一般用圆圈来标明各个功能分区。

景观分析草图如图 3-7 所示。

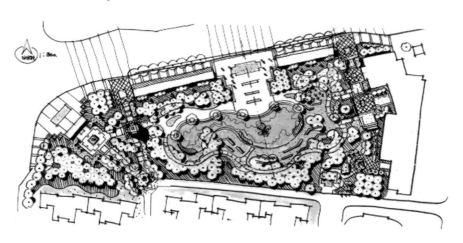

图 3-7　景观分析草图

(2)初步设计(总体):将松散的、不成熟的示意图进一步厘清,把抽象圆圈转变为有大致形状和特定意义的室外空间,以便与客户进行沟通。

(3)具体规划(具体):对初步设计的方案进行具体细化,使方案更清晰明了。

景观总平面图如图 3-8 所示。

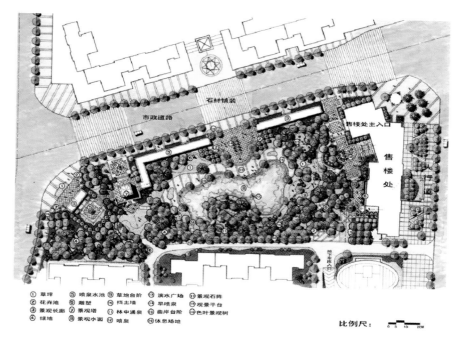

图 3-8　景观总平面图

三、绘制施工图阶段

一旦方案得到客户的认可,便可以准备绘制各种指导施工人员施工的图纸,包括施工放线图、地形图、种植图、施工细部图等(见图 3-9 和图 3-10)。

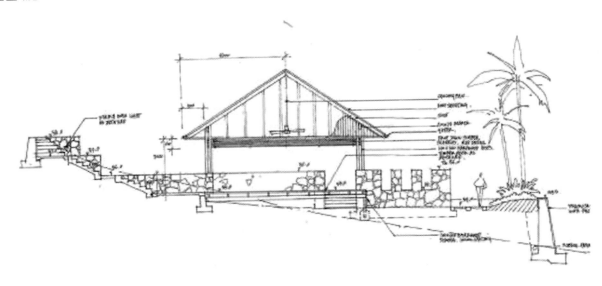

图 3-9　景观施工图一

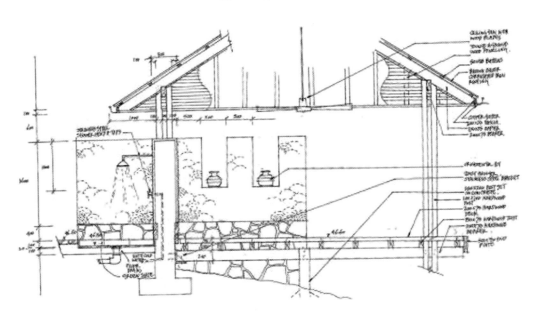

图 3-10　景观施工图二

四、施工阶段

最后进入施工阶段,由专业的队伍按照设计进行构筑物建造和植物栽培。

独立住宅室外空间的景观设计,可以认为是一个住区景观设计的延伸、一座城市景观设计的细化与组成。

Jingguan Sheji Jichu

第四章
居住区景观设计

居住区是城市中一切行为活动产生的基础。人们在经过一天紧张的工作之后都要回到住宅中休息。因此,居住区的合理规划十分重要。居住区景观设计是其中的重要组成部分。本章在简单介绍居住区的基本组成的基础上,介绍居住区景观设计的要点和方法。

居住区规划是在城市详细规划的基础上,根据计划、任务和现状,进行城市居住用地综合性设计的工作。它涉及使用、卫生、经济、安全、施工、美观等几方面,综合解决它们之间的矛盾,为居民创造适用、经济、美观的居住条件。居住区规划的主要内容有:①选择和确定居住区位置、用地范围;②确定人口和用地规模;③按照确定的居住水平标准,选择住宅类型、层数等;④确定公共建筑项目、规模、数量、用地面积和位置;⑤确定各级道路系统走向和宽度;⑥对绿地、室外活动场地等进行统一布置;⑦拟定各项经济指标;⑧拟订详细的工程规划方案。居住区规划应符合使用要求、卫生要求、安全要求、经济要求、施工要求、美观要求等。

居住区景观设计示例如图 4-1 和图 4-2 所示。

图 4-1　居住区景观设计示例一

图 4-2　居住区景观设计示例二

第一节
居住区基本组成

居住区规划的各项内容从工程角度分为室外工程和室内工程,但是最终都要落实到具体的用地上。因此,一般的居住区组成是指居住区的用地组成。

一、住宅用地

住宅用地(见图4-3)指居住建筑基底占有的用地及其附近需要留出的空地(住宅日照间距范围内的土地一般列入居住建筑用地),其中包括通向居住建筑入口的小路、宅旁绿地、杂务院等。

图4-3 住宅用地

二、公共服务设施用地

公共服务设施用地(见图4-4)指居住区各类公共建筑和公用设施基底占有的用地及周围的专用地,包括专用地中的通路、场地和绿地等。

三、居住区道路用地

居住区道路用地指居住区范围内的不属于以上两项内道路的路面及小广场(见图4-5)、停车场等。

图 4-4　公共服务设施用地

图 4-5　小广场

居住区道路宽度如表 4-1 所示。

表 4-1　居住区道路宽度

道 路 名 称	道 路 宽 度
居住区道路	红线宽度不宜小于 20 m
小区道路	路面宽 5～8 m,建筑控制线之间的宽度,采暖区不宜小于 14 m,非采暖区不宜小于 10 m
组团道路	路面宽 3～5 m,建筑控制线之间的宽度,采暖区不宜小于 10 m,非采暖区不宜小于 8 m
宅间小路	路面宽度不宜小于 2.5 m
园路(甬路)	不宜小于 1.2 m

四、居住区绿地

居住区绿地指居住区公园、小游园、运动场、小块绿地、成年人休息场地、儿童活动场地等。住宅小区绿地如图 4-6 所示。

图 4-6　住宅小区绿地

居住区根据不同的规划、组织、结构类型,设置相应的中心公共绿地,包括居住区公园(居住区级)、小游园(小区级)和组团绿地(组团级),以及儿童游戏场所和其他的块状、带状公共绿地等,应符合表 4-2 的规定

（表 4-2 中的"设置内容"可根据具体条件选用）。

表 4-2　居住区各级中心公共绿地设置规定

中心绿地名称	设置内容	要求	最小规格/hm²	最大服务半径/m
居住区公园	花木草坪,花坛水面,凉亭雕塑,小卖部,茶座,老幼设施,停车场和铺装地面等	园内布局应有明确的功能划分	1.0	800~1000
小游园	花木草坪,花坛水面,雕塑,儿童设施和铺装地面等	园内布局应有一定的功能划分	0.4	400~500
组团绿地	花木草坪,桌椅,简易儿童设施等	可灵活布置	0.04	—

注:①居住区公共绿地至少有一边与相应级别的道路相邻;②应满足有不少于 1/3 的绿地面积在标准日照阴影范围之外;③块状、带状公共绿地同时应满足宽度不小于 8 m、面积不小于 400 m² 的要求;④其他具体要求参见《城市居住区规划设计标准》。

公共绿地指标应根据居住人口规模分别达到:组团级不少于 0.5 m²/人,小区(含组团)不少于 1 m²/人,居住区(含小区和组团)不少于 1.5 m²/人。

绿地率:新区建设应不小于 30%,旧区改造宜不小于 25%,种植成活率不小于 98%。

第二节
居住区景观设计原则、要求

随着社会的不断进步,人们对居住区景观的要求不断提高,进而要求开发商和设计师对居住区景观的设计有更高的追求和水平。在掌握居住区的基本组成、规模等内容的基础上,我们以居住区(包括居住区级、小区级和组团级)的公共服务设施用地为点或面,以各级道路为线,采用景观设计的手法和素材,对居住区景观设计的原则、要求、方法以及景观设计的新趋势等内容进行介绍。

一、居住区景观设计特点

1. 强调环境景观的共享性

这是住房商品化的特征,应使每套住房都获得良好的景观环境效果。首先要强调居住区环境资源的共享,在规划时应尽可能地利用现有的自然环境创造人工景观,让所有的住户能均匀享受优美环境;其次要强化围合功能,使空间形态各异、环境要素丰富、安全安静,达到归属感良好的效果,从而创造温馨、朴素、祥和的居家环境。居住区景观设计如图 4-7 所示。

2. 强调环境景观的文化性

崇尚历史、崇尚文化是近来居住区景观设计的一大特点,开发商和设计师不再机械地割裂居住建筑和环境景观,在文化的大背景下进行居住区的规划,通过建筑与环境艺术来表现历史文化的延续性。文化景观设计如图 4-8 所示。

图 4-7　居住区景观设计

图 4-8　文化景观设计

3. 强调环境景观的艺术性

20 世纪 90 年代以前,"欧陆风格"影响居住区的设计与建设时,曾盛行过欧陆风情式的环境景观。20 世纪 90 年代以后,居住区环境景观开始关注人们不断提升的审美需求,呈现出多元化的发展趋势,提倡简洁明快的景观设计风格。同时环境景观更加关注居民生活的舒适性,不仅为人所赏,而且为人所用。创造自然、舒适、亲近、宜人的景观空间,是居住区景观设计的又一趋势。

二、居住区景观设计过程

为了创造出具有高品质和丰富美学内涵的居住区景观,在进行居住区环境景观设计时,硬、软景观要注意美学风格和文化内涵的统一。值得指出的是,在具体的设计过程中,景观基本上是建筑设计领域的事,又往往由园林绿化的设计师来完成绿化植物的配景,这种模式虽然能发挥专业优势,但若没有有效沟通就会割裂建筑、景观、园艺之间的密切关系,带来建筑与景观设计上的不协调。所以,应在居住区规划设计之初即对居住区整体风格进行构思,对居住区的环境景观做专题研究,提出景观的概念规划,这样从一开始就把

握住了硬质景观的设计要点。在具体的设计过程之中,景观设计师、建筑工程师、开发商要经常进行沟通和协调,使景观设计的风格能融化在居住区整体设计之中。因此,居住区景观设计应是开发商、建筑工程师、景观设计师和城市居民四方互动的过程。

三、居住区景观设计原则

居住区环境景观设计应坚持以下原则。

1. 坚持社会性原则

赋予环境景观亲切宜人的艺术感召力,通过美化生活环境,体现社区文化,促进人际交往和精神文明建设,并提倡公众参与设计、建设和管理。

2. 坚持经济性原则

顺应市场发展需求及地方经济状况,注重节能、节材,注重合理使用土地资源。提倡朴实简约,反对浪费,并尽可能采用新技术、新材料、新设备,达到优良的性价比。

3. 坚持生态性原则

尽量保持现存的良好生态环境,改善原有的不良生态环境。提倡将先进的生态技术运用到环境景观的塑造中去,以利于可持续发展。

4. 坚持地域性原则

体现所在地域的自然环境特征,因地制宜地创造具有时代特点和地域特征的空间环境,避免盲目移植。

5. 坚持历史性原则

要尊重历史,保护和利用历史性景观,对历史保护地区的居住区景观设计,更要注重整体的协调统一,做到保留在先、改造在后。

四、居住区景观设计要求

居住区景观设计包括对基地自然状况的研究和利用,对空间关系的处理和发挥,与居住区整体风格的融合和协调,包括道路布置、水景组织、路面铺砌、照明设计、小品设计、公共设施处理等。这些方面既有功能意义,又涉及视觉和心理感受。在进行景观设计时,应注意整体性、实用性、艺术性、趣味性相结合。

居住区环境景观设计应体现以下要求。

1. 空间组织立意

景观设计必须呼应居住区设计整体风格,硬质景观要同绿化等软质景观相协调。不同居住区设计风格将产生不同的景观配置效果,现代风格的住宅适宜采用现代景观造园手法,地方风格的住宅则适宜采用具有地方特色和历史语言的造园思路和手法。当然,城市设计和园林设计的一般规律都是通用的。同时,景观设计要根据空间的开放程度和私密性要求组织空间。

2. 体现地方特征

居住区景观设计要充分体现地方特征和基地的自然特色。我国地域辽阔,自然区域和文化地域的特征相差较大,居住区景观设计要把握这些特点,营造富有地方特色的环境。同时居住区景观设计应充分利用区内的地形地貌特点,塑造富有创意和个性的景观空间。体现地方特色的景观设计如图 4-9 所示。

图 4-9　体现地方特色的景观设计

3. 使用现代材料

材料的选用是居住区景观设计的重要内容,应尽量使用当地较为常见的材料,体现当地的自然特色。在材料的使用上有几种趋势:①非标制成品(不按国家颁布的统一标准制造的成品)材料的使用;②复合材料的使用;③特殊材料的使用,如玻璃、荧光漆、PVC 材料;④注意发挥材料的特性和本色;⑤重视色彩的表现;⑥自选材料的使用,如可组合的儿童游戏材料等。当然,特定地段的需要和业主的需求也是应该考虑的因素。环境景观的设计还必须注意运行维护的方便。常出现这种情况:好的设计在建成后因维护不方便而逐渐遭到破坏。因此,设计时要考虑维护的方便易行,才能保证高品质的环境历久弥新。

4. 点、线、面相结合

环境景观中的点,是整个环境设计中的精彩之处。这些点元素由相互交织的道路、河道等线性元素贯穿起来,点、线景观元素使得居住区的空间变得有序。在居住区的入口或中心等地区,线与线的交织与碰撞又形成面的概念,面是全居住区中景观汇集的高潮。点、线、面结合是居住区景观设计的基本原则。在现代居住区规划中,传统空间布局手法已很难形成有创意的景观空间,必须将人与景观有机融合,从而构筑全新的空间。景观设计平面图如图 4-10 所示。

图 4-10　景观设计平面图

（1）亲地空间，增加居民接触地面的机会，创造适合各类人群活动的室外场地和各种形式的屋顶花园等。

（2）亲水空间，居住区硬质景观要充分挖掘水的内涵，体现东方理水文化，营造出人们亲水、观水、听水、嬉水的场所。

（3）亲绿空间，硬、软景观应有机结合，充分利用车库、台地、坡地、宅前屋后构造充满活力和自然情调的绿色环境。

（4）亲子空间，居住区中要充分考虑儿童活动的场地和设施，培养儿童友好、合作、冒险的精神。

第三节
居住区景观设计内容

居住区景观设计的内容是依据居住区的居住功能特点和环境景观的组成元素来划分的，不同于狭义的园林绿化，是以景观来塑造人的交往空间形态，突出了"场所＋景观"的设计原则，具有概念明确、简练实用的特点。掌握居住区景观设计的内容有助于工程技术人员对居住区环境景观的总体把握和判断。

居住区景观设计的内容根据不同的特征可以分为绿化种植景观、道路景观、场所景观、硬质景观、水景景观、庇护性景观、模拟化景观、高视点景观、照明景观。目前，"场所"的概念越来越受到人们的重视。因此，各种景观中，场所景观是核心，其他类型的景观往往与场所景观融合在一起，为人们创造良好的活动场所。环境景观如图 4-11 所示。

图 4-11　环境景观

一、居住区景观结构布局

从居住区分类上看，居住区景观结构布局的方式如表 4-3 所示。

表 4-3　居住区景观结构布局的方式

居住区分类	景观空间密度	景 观 布 局	地形及竖向处理
高层居住区	高	采用立体景观和集中景观布局形式。高层居住区的景观布局可适当图案化,既要满足居民在近处观赏的审美要求,又需注重居民在居室中俯瞰时的景观艺术效果	通过多层次的地形塑造来提高绿视率
多层居住区	中	采用相对集中、多层次的景观布局形式,保证集中景观空间合理的服务半径,尽可能满足不同年龄结构、不同心理取向的居民的群体景观需求。具体布局手法可根据居住区规模及现状条件灵活多样,不拘一格,以营造出有自身特色的景观空间	因地制宜,结合居住区规模及现状条件适度进行地形处理
低层居住区	低	采用较分散的景观布局,使居住区景观尽可能接近每户居民,景观的散点布局可塑造宜人的半围合景观	地形塑造不宜过多、过大,以不影响低层住户的景观视野又可满足其私密性要求为宜
综合居住区	不确定	宜根据居住区总体规划及建筑形式选用合理的布局形式	适度的地形处理

二、绿化种植景观

1. 植物配置的原则

(1)植物配置应适应绿化的功能要求,适应所在地区的气候、土壤条件和自然植被分布特点,选择抗病虫害能力强、易养护管理的植物,体现良好的生态环境和地域特点。

(2)植物配置应充分发挥植物的各种功能和观赏特点,合理配置,常绿与落叶、速生与慢生相结合,构成多层次的复合生态结构,达到人工配置的植物群落自然和谐的要求。

(3)植物品种的选择要在统一的基础上力求丰富多样。

(4)植物配置应注重种植位置的选择,以免影响室内的采光、通风和其他设施的管理维护。

适宜居住区种植的植物分为六类:乔木、灌木、藤本植物、草本植物、花卉及竹类。植物配置按形式分为规则式和自由式等。植物配置组合如表 4-4 所示。

表 4-4　植物配置组合

组合名称	组合形态及效果	种 植 方 式
孤植	突出树木的个体美,可成为开阔空间的主景	多选用粗壮高大、体形优美、树冠较大的乔木
对植	突出树木的整体美,外形整齐美观,高矮大小基本一致	以乔、灌木为主,在轴线两侧对称种植
丛植	以多种植物组合成的观赏主体,形成多层次绿化结构	以遮阳为主的丛植多由数株乔木组成,以观赏为主的多由乔、灌木混交组成
树群	由观赏树组成,表现整体造型美,产生起伏变化的背景效果,衬托前景或建筑物	由数株同类或异类树种混合种植,一般树群长宽比不超过 3∶1,长度不超过 60 m

续表

组合名称	组合形态及效果	种植方式
草坪	分观赏草坪、游憩草坪、运动草坪、交通安全草坪、护坡草坪,主要种植矮小草本植物,通常成为绿地景观的前提	按草坪用途选择品种,一般容许坡度为1%～5%,适宜坡度为2%～3%

2. 植物组合的空间效果

植物作为三维空间的实体,以各种方式交互形成多种空间效果,植物的高度和密度影响空间的塑造。植物组合的空间效果如表4-5所示。

表4-5 植物组合的空间效果

植物组合	植物高度/cm	空间效果
花卉、草坪	13～15	能覆盖地表,美化开敞空间
灌木、花卉	40～45	产生引导效果,界定空间范围
灌木、竹类、藤本类	90～100	具有屏障功能,改变暗示空间的边缘,限定交通流线
乔木、灌木、藤本类、竹类	135～140	分隔空间,形成连续完整的围合空间
乔木、藤本类	高于人的水平视线	产生较强的视线引导作用,可形成较私密的交往空间
乔木、藤本类	高大树冠	形成顶面的封闭空间,具有遮蔽功能,并改变天际线的轮廓

三、道路景观

道路作为车辆和人员的汇流途径,具有明确的导向性,道路两侧的环境景观应符合导向要求,并达到步移景异的视觉效果。道路边的绿化种植及路面质地、色彩的选择应具有韵律感和观赏性。道路景观如图4-12所示。

图4-12 道路景观

在满足交通需求的同时,道路可形成重要的视线走廊,因此,要注意道路的对景和远景设计,以强化视线集中的景观。

休闲人行道、园道两侧的绿化种植,要尽可能形成绿荫带,并连接花台、亭廊、水景、游乐场等,使休闲空间有序展开,增强环境景观的层次感。

居住区内的消防车道占人行道、院落车行道合并使用时,可设计成隐蔽式车道,即在 4 m 幅宽的消防车道内种植不妨碍消防车通行的草坪花卉,铺设人行步道,平日作为绿地使用,应急时供消防车使用,有效地弱化了单纯消防车道的生硬感,改善了环境和景观效果。

四、场所景观

1. 健身运动场

居住区的运动场所分为专用运动场和一般的健身运动场。专用运动场多指网球场、羽毛球场、门球场和室内外游泳池。这些运动场应按其技术要求由专业人员进行设计。健身运动场应分散在居住区方便居民就近使用又不扰民的区域,不允许机动车和非机动车穿越运动场地。居住区网球场如图 4-13 所示。

图 4-13　居住区网球场

健身运动场包括运动区和休息区。运动区应保证有良好的日照和通风,地面宜选用平整防滑、适于运动的铺装材料,同时满足易清洗、耐磨、耐腐蚀的要求。室外健身器材要考虑老年人的使用特点,要采取防跌倒措施。休息区布置在运动区周围,供健身运动的居民休息和存放物品。休息区宜种植遮阳乔木,并设置适量的座椅。有条件的居住区可设置饮水装置。

2. 休闲广场

休闲广场应设于居住区的人流集散地(如中心区、主入口处),面积应根据居住区规模和规划设计要求确定,形式宜结合地方特色和建筑风格考虑。广场上应保证大部分面积有日照和遮风条件。休闲广场如图 4-14 所示。

广场周边宜种植适量绿化树,设置休息座椅,为居民提供休息、活动、交往的场所,在不干扰邻近居民休息的前提下保证适度的照明。

广场铺装以硬质材料为主,形式及色彩搭配应具有一定的图案感,不宜采用无防滑措施的光面石材、地砖、玻璃等。广场出入口应符合无障碍设计要求。

3. 游乐场

游乐场应该在景观绿地中划出固定的区域,一般为开敞式。游乐场地必须阳光充足,空气清洁,避开强风。游乐场应与居住区的主要交通道路有一定距离,减少汽车噪声的影响并保障人员的安全。游乐场的选址还应充分考虑活动产生的嘈杂声对附近居民的影响,离居民窗户 10 m 远为宜。游乐场如图 4-15 所示。

图 4-14　休闲广场

图 4-15　游乐场

游乐场周围不宜种植遮挡视线的树木,应保持较好的可视性,便于成人对儿童进行监护。

游乐场设施的选择应能调动人员参与游戏的热情,兼顾实用与美观。色彩可鲜艳,但应与周围环境相协调。游戏器械的选择和设计应尺度适宜,避免人员被器械划伤或从高处跌落,可设置保护栏、柔软地垫、警示牌等。

居住区中心较具规模的游乐场附近应为人员提供饮用水和游戏用水,便于饮用、冲洗和进行筑沙游戏等。游乐设施设计要点如表 4-6 所示。

表 4-6　游乐设施设计要点

序号	设施名称	设　计　要　点	使用对象年龄段
1	沙坑	①居住区沙坑一般规模为 $10\sim20$ m²,沙坑中安置游乐器具的要适当加大,以确保基本活动空间,利于儿童之间相互接触;②沙坑深 $40\sim45$ cm,沙子以细沙为主,并经过冲洗,沙坑四周应竖 $10\sim15$ cm 的围沿,防止沙土流失或雨水灌入,围沿一般采用混凝土、塑料或木材建造,上可铺橡胶软垫;③沙坑内应敷设暗沟排水,防止动物在坑内排泄	3～6 岁

序号	设施名称	设计要点	使用对象年龄段
2	滑梯	①滑梯由攀登段、平台段和下滑段组成,一般采用木材、不锈钢、人造水磨石、玻璃纤维、增强塑料制作,保证滑板表面光滑;②滑梯攀登梯架倾角为70°左右,宽40 cm,梯板高6 cm,双侧设扶手栏杆,滑板倾角30°~35°,宽40 cm,两侧直缘为18 cm,便于儿童双脚制动;③成品滑板和自制滑梯都应在梯下部铺厚度不小于3 cm的胶垫或40 cm以上的沙土,防止儿童坠落受伤	3~6岁
3	秋千	①秋千分板式、座椅式、轮胎式几种,其场地尺寸根据秋千摆动幅度及与周围娱乐设施间距确定;②秋千一般高2.5 m,宽35~67 cm(分单座、双座、多座),周边安全护栏高60 cm,踏板距地35~45 cm,幼儿用距地为25 cm;③地面设施需设排水系统和铺设柔性材料	6~15岁
4	攀登架	①攀登架标准尺寸为2.5 m×2.5 m(高×宽),格架宽为50 cm,架杆选用钢骨和木制,多组格架可组成攀登式迷宫;②架下必须铺装柔性材料	8~12岁
5	跷跷板	①普通双连式跷跷板宽度为18 cm,长3.6 m,中心轴高45 cm;②跷跷板端部应放置旧轮胎等设备做缓冲垫	8~12岁
6	游戏墙	①墙体高控制在1.2 m以下,供儿童跨越或骑乘,厚度为15~35 cm;②墙上可适当开孔洞,供儿童穿越和窥视,产生游戏乐趣;③墙体顶部边沿应做成圆角,墙下铺软垫;④墙上绘制图案应不易褪色	6~10岁
7	滑板场	①滑板场为专用场地,要利用绿化种植、栏杆等与其他休闲区分隔开;②场地用硬质材料铺装,表面平整,并具有较大的摩擦力;③设置固定的滑板练习器具,铁管滑架、曲面滑道和台阶总高度不宜超过60 cm,并留出足够的滑跑安全距离	10~15岁
8	迷宫	①迷宫由灌木丛墙或实墙组成,墙高一般在0.9~1.5 m之间,以能遮挡儿童视线为准,通道宽为1.2 m;②灌木丛墙须进行修剪以免划伤儿童;③地面以碎石、卵石、水刷石等材料铺砌	6~12岁

五、硬质景观

硬质景观是相对种植绿化这类软质景观而确定的名称,泛指用质地较硬的材料构成的景观。硬质景观主要包括雕塑小品、围墙、栅栏、挡土墙、坡道、台阶及一些其他便民设施等。

1. 雕塑小品

雕塑小品(见图4-16)与周围环境共同塑造出一个完整的视觉形象,同时赋予景观空间环境以生气和主题,通常以其小巧的格局、精美的造型来点缀空间,使空间诱人而富有意境,从而提高整体环境景观的艺术境界。

雕塑按使用功能分为纪念性雕塑、主题性雕塑、功能性雕塑与装饰性雕塑等,从表现形式上可分为具象雕塑和抽象雕塑、动态雕塑和静态雕塑等。

雕塑在布局上一定要注意与周围环境的关系,恰如其分地确定雕塑的材质、色彩、体量、尺度、题材、位置等,展示其整体美、协调美。

图 4-16　雕塑小品

　　雕塑配合居住区内建筑、道路、绿化及其他公共服务设施而设置,起到点缀、装饰和丰富景观的作用。特殊场合的中心广场或主要公共建筑区域,可考虑主题性或纪念性雕塑。

　　雕塑应具有时代感,要以美化环境、保护生态为主题,体现居住区人文精神。以贴近人为原则,切忌尺度超长、过大,更不宜采用有金属光泽的材料制作。

2. 居住区便民设施

　　居住区便民设施包括音响设施、自行车和摩托车架、饮水器、垃圾容器、座椅,以及书报亭(见图 4-17)、公用电话、邮政信报箱等。

图 4-17　书报亭

　　便民设施应容易辨认,其选址应方便到达。

　　在居住区内,宜将多种便民设施组合为一个较大整体,以节省户外空间和增强场所的视景特征。

　　1)音响设施

　　在居住区户外空间中,宜在距住宅单元较远地带设置小型音响设施,并适时地播放轻柔的背景音乐,以增强居住空间的轻松气氛。

音响外形可结合景物元素设计。音响高度以在 0.4～0.8 m 之间为宜,保证声源无明显强弱变化。音响放置位置一般应相对隐蔽。

2)自行车和摩托车架

自行车和摩托车在露天场所停放,应划分出专用场地并安装车架。自行车和摩托车架分为槽式单元支架、管状单元支架和装饰性单元支架,占地紧张的时候可采用双层自行车和摩托车架。自行车和摩托车架按表 4-7 所示的尺寸制作。

表 4-7　自行车和摩托车架尺寸

车 辆 类 别	停 车 方 式	停车通道宽/m	停车带宽/m	停车车架位宽/m
自行车	垂直停放	2	2	0.6
	错位停放	2	2	0.45
摩托车	垂直停放	2.5	2.5	0.9
	倾斜停放	2	2	0.9

3)饮水器

饮水器是居住区街道及公共场所为满足人的生理卫生要求经常设置的供水设施,同时也是街道上的重要装点设施之一。

饮水器分为悬挂式饮水设备、独立式饮水设备和雕塑式水龙头等。

饮水器的高度宜在 80 cm 左右,供儿童使用的饮水器高度宜在 65 cm 左右,并安装在高度 10～20 cm 的踏台上。

饮水器的结构和高度还应考虑方便轮椅使用者。

4)垃圾容器

(1)垃圾容器一般设在道路两侧和居住单元出入口附近的位置,其外观色彩及标志应符合垃圾分类收集的要求。

(2)垃圾容器分为固定式和移动式两种。普通垃圾箱的规格为高 60～80 cm、宽 50～60 cm。放置在公共广场的较大,高宜在 90 cm 左右,直径不宜超过 75 cm。

(3)垃圾容器应选择美观与功能兼备,并且与周围景观相协调的产品,要求坚固耐用、不易倾倒,一般可采用不锈钢、木材、石材、混凝土、GRC、陶瓷材料制作。

5)座椅

(1)座椅是居住区内供人们休闲的、不可缺少的设施,同时也可作为重要的装点景观进行设计。应结合环境规划来考虑座椅的造型和色彩,力争简洁实用。室外座椅的选址应注重居民休息和欣赏景观的需要。广场座椅如图 4-18 所示。

(2)室外座椅的设计应满足人体舒适度要求,普通座面高 38～40 cm,座面宽 40～45 cm,标准长度单人椅 60 cm 左右、双人椅 120 cm 左右、3 人椅 180 cm 左右,靠背座椅的靠背倾角以 100°～110° 为宜。

(3)座椅材料多为木材、石材、混凝土、陶瓷、金属、塑料等,应优先采用触感好的木材,木材应做防腐处理,座椅转角处应做磨边倒角处理。

3. 信息标志

信息标志(见图 4-19)可分为四类:名称标志、环境标志、指示标志、警示标志。

图 4-18　广场座椅

图 4-19　信息标志

信息标志的位置应醒目,且不对行人交通及景观环境造成影响。

标志的色彩、造型设计应充分考虑其所在地区建筑、景观环境以及自身功能的需要。标志的用材应经久耐用,不易破损,方便维修。各种标志应确定统一的格调和背景色调以突出物业管理形象。居住区主要标志项目如表 4-8 所示。

表 4-8　居住区主要标志项目

标 志 类 别	标 志 内 容	适 用 场 所
名称标志	标志牌	—
	楼号牌	
	树木名称牌	
环境标志	小区示意图	小区入口大门
	街区示意图	小区入口大门
	居住组团示意图	组团入口
	停车场导向牌	—
	公共设施分布示意图	
	自行车停放处示意图	
	垃圾站位置图	
	告示牌	会所、物业楼
指示标志	出入口标志	—
	导向标志	
	机动车导向标志	
	自行车导向标志	
	步道标志	
	定点标志	
警示标志	禁止入内标志	变电所、变压器等
	禁止踏入标志	草坪

4. 栏杆和扶手

栏杆具有拦阻功能,也是分隔空间的一个重要构件。设计时应结合不同的使用场所,首先要充分考虑栏杆的强度、稳定性和耐久性,其次要考虑栏杆的造型美,突出其功能性和装饰性。栏杆常用材料有铸铁、铝合金、不锈钢、木材、竹子、混凝土等。栏杆如图 4-20 所示。

图 4-20　栏杆

栏杆大致分为以下三种。

(1)矮栏杆,高度为 30～40 cm,不妨碍视线,多用于绿地边缘,也用于场地空间领域的划分。

(2)高栏杆,高度在 90 cm 左右,有较强的分隔与拦阻作用。

(3)防护栏杆,高度在 100～120 cm,一般超过人的重心,以起防护围挡作用。防护栏杆一般设置在高台的边缘,可使人产生安全感。

扶手设置在坡道、台阶两侧,高度为 90 cm 左右,室外踏步级数超过 3 级时必须设置扶手,以方便老人和残障人士使用。供轮椅使用的坡道应设高度为 65 cm 与 85 cm 的两道扶手。

5. 围栏和栅栏

围栏(见图 4-21)和栅栏具有限入、防护、分界等多种功能,立面构造多为栅状和网状、透空和半透空等几种形式。围栏一般采用铁制、钢制、木制、铝合金制、竹制等。栅栏的间距不应大于 11 cm。

图 4-21　围栏

围栏和栅栏设计高度如表 4-9 所示。

表 4-9　围栏和栅栏设计高度

功 能 要 求	高度/m
隔离绿化植物	0.4
限制车辆出入	0.5～0.7
标明分界区域	1.2～1.5
限制人员出入	1.8～2.0
供植物攀缘	2.0 左右
隔噪声实栏	3.0～4.5

6. 挡土墙

挡土墙(见图 4-22)的形式根据建设用地的实际情况经过结构设计确定。从结构形式分主要有重力式、半重力式、悬臂式和扶壁式挡土墙,从形态上分有直墙式和坡面式。

图 4-22　挡土墙

挡土墙的外观质感由用材决定,直接影响挡土墙的景观效果。毛石和条石砌筑的挡土墙要注重砌缝的交错排列方式和宽度;混凝土预制块挡土墙应设计出图案效果;嵌草皮的坡面上需铺上一定厚度的种植土,并加入改善土壤保温性的材料,以利于草的根系生长。

挡土墙必须设置排水孔,一般为 3 m² 设一个直径 75 mm 的排水孔,墙内宜敷设渗水管,防止墙体内存水。钢筋混凝土挡土墙必须设伸缩缝,配筋墙体每 30 m 设一道,无筋墙体每 10 m 设一道。挡土墙类型与技术要求及适用场地如表 4-10 所示。

表 4-10　挡土墙类型与技术要求及适用场地

挡土墙类型	技术要求及适用场地
干砌石墙	墙高不超过 3 m,墙体顶部宽度宜在 450～600 mm,适用于可就地取材处
预制砌块墙	墙高不应超过 6 m,这种模块形式还适用于弧形或曲线形走向的挡土墙
土方锚固式挡土墙	用金属片或聚合物片将松散回填土方锚固在连锁的预制混凝土面板上,适用于挡土墙面积较大时或需要进行填方处
仓式挡土墙/格间挡土墙	由钢筋混凝土连锁砌块和粒状填方构成,模块面层可有多种选择,如平滑面层、骨料外露面层、锤凿混凝土面层和条纹面层等。这种挡土墙适用于使用特定挖举设备的大型项目及空间有限的填方边缘
混凝土垛式挡土墙	用混凝土砌块垛砌成挡土墙,然后立即进行土方回填。垛式支架与填方部分的高差不应大于 900 mm,以保证挡土墙的稳固
木制垛式挡土墙	用于需要表现木制材料的景观设计。这种挡土墙不宜用于潮湿或寒冷地区,适宜用于乡村、干热地区
绿色挡土墙	结合挡土墙种植草坪植被。砌体倾斜度宜在 25°～70°。尤适用于雨量充足的气候带和有喷灌设备的场地

7. 坡道

坡道(见图 4-23)是交通和绿化系统中重要的设计元素之一,直接影响使用和感观效果。居住区道路最大纵坡不应大于 8%,园路不应大于 4%;自行车专用道路最大纵坡控制在 5% 以内;轮椅坡道一般为 6%,最大不超过 8.5%,并采用防滑路面;人行道纵坡不宜大于 2.5%。

图 4-23　坡道

坡度的视觉感受、适用场所与选择材料如表 4-11 所示。

表 4-11　坡度的视觉感受、适用场所与选择材料

坡度/(%)	视觉感受	适用场所	选择材料
1	平坡,行走方便,排水困难	渗水路面,局部活动场	地砖,料石
2～3	微坡,较平坦,方便	室外场地,车道,草皮路,绿化种植区,园路	混凝土,沥青,水刷石
4～10	缓坡,导向性强	草坪广场,自行车道	种植砖,砌块
10～25	陡坡,坡型明显	坡面草皮	种植砖,砌块

园路、人行道坡道宽一般为 1.2 m,但考虑到轮椅的通行,可设定为 1.5 m 以上,有轮椅交错的地方其宽度应达到 1.8 m。

8. 台阶

台阶(见图 4-24)在园林设计中起到不同高程之间的连接作用和引导视线的作用,可丰富空间的层次,尤其是高差较大的台阶会形成不同的近景和远景效果。

图 4-24　台阶

台阶的踏步高度 h 和宽度 b 是决定台阶舒适性的主要参数。两者的关系以满足 $2h + b = (60 \pm 6)$ cm 为宜,一般室外踏步高度设计为 12~16 cm,踏步宽度 30~35 cm,低于 10 cm 的高差,不宜设置台阶,可以考虑做成坡道。

台阶长度超过 3 m 或需改变攀登方向的地方,应在中间设置休息平台,平台宽度应大于 1.2 m,台阶踏面应做防滑处理,并保持 1% 的排水坡度。

为了方便晚间人们行走,台阶附近应设照明装置,人员集中的场所可在台阶踏步上安装地灯。

过水台阶和跌流台阶的阶高可依据水流效果确定,同时也要考虑防滑。

9. 种植容器

1)花盆

(1)花盆(见图 4-25)是景观设计中传统种植容器的一种形式。花盆具有可移动性和可组合性,能巧妙地点缀环境,烘托气氛。花盆的尺寸应适合所栽种植物的生长特性,有利于根茎的发育,一般可按以下标准选择:花草类盆深 20 cm 以上,灌木类盆深 40 cm 以上,中木类盆深 45 cm 以上。

(2)花盆用材应具备一定的吸水保温能力,不易引起盆内过热和干燥。花盆可独立摆放,也可成套摆放,采用模数化设计能够使单体组合成整体,形成大花坛。

(3)花盆用栽培土应具有保湿性、渗水性和蓄肥性,其上部可铺撒树皮屑做覆盖层,起到保湿、装饰的作用。

2)树池和树池箅

(1)树池(见图 4-26)是树木移植时根钵的所需空间,一般由树高、树径、根系的大小所决定。

图 4-25　花盆

图 4-26　树池

树池深度至少深于树根钵以下 250 mm。

（2）树池箅是树木根部的保护装置，它既可保护树木根部免受践踏，又便于雨水的渗透和步行人的安全。

（3）树池箅应选择能渗水的石材、卵石、砾石等天然材料，也可选择具有图案拼装的人工预制材料，如铸铁、混凝土、塑料等，这些护树面层宜做成格栅状，并能承受一般的车辆荷载。

树池及树池箅选用表如表 4-12 所示。

表 4-12　树池及树池箅选用表

树　高	树池尺寸/m		树池箅尺寸/m
	直径	深度	
3 m 左右	0.6	0.5	0.75
4～5 m	0.8	0.6	1.2
6 m 左右	1.2	0.9	1.5
7 m 左右	1.5	1.0	1.8
8～10 m	1.8	1.2	2.0

10. 入口造型

居住区入口的空间形态应具有一定的开敞性，入口标志性造型（如门廊、门架、门柱、门洞等）应与居住区整体环境及建筑风格相协调，避免盲目追求豪华和气派。应根据居住区规模和周围环境特点确定入口标志造型的体量尺度，达到新颖简单、轻巧美观的要求。同时要考虑与保安值班等用房的形体关系，构成有机的景观组合。居住区入口设计如图 4-27 所示。

住宅单元入口是住宅区内体现院落特色的重要部位，入口造型设计（如门头、门廊、连接单元之间的连廊）除了功能要求外，还要突出装饰性和可识别性。要考虑消防、照明设备的位置及与无障碍坡道之间的相互关系，达到色彩和材质上的统一。所用建筑材料应具有易清洗、不易碰损等特点。

图 4-27　居住区入口设计

六、水景景观

水景景观以水为主。水景设计应结合场地气候、地形及水源条件。南方干热地区应尽可能为居住区居民提供亲水环境,北方地区在设计不结冰期的水景时,还必须考虑结冰期的枯水景观。

1. 自然水景

自然水景(见图 4-28)与海、河、江、湖、溪相关联。这类水景设计必须服从原有自然生态景观、自然水景线与局部环境水体的空间关系,正确利用借景、对景等手法,充分发挥自然条件,形成纵向景观、横向景观和鸟瞰景观。应能融合居住区内部和外部的景观元素,创造新的亲水居住形态。

图 4-28　自然水景

自然水景的构成元素如表 4-13 所示。

表 4-13　自然水景的构成元素

景 观 元 素	内　　容
水体	水体流向,水体色彩,水体倒影,溪流,水源
沿水驳岸	沿水道路,沿岸建筑(码头、古建筑等),沙滩,雕石
水上跨越结构	桥梁,栈桥,索道
水边山体树木(远景)	山岳,丘陵,峭壁,林木
水生动植物(近景)	水面浮生植物,水下植物,鱼鸟类
水面天光映衬	光线折射漫射,水雾,云彩

1)驳岸

(1)驳岸是亲水景观中应重点处理的部位。驳岸与水线形成的连续景观线是否能与环境相协调,不但取决于驳岸与水面间的高差关系,而且取决于驳岸的类型及用材的选择。

(2)对居住区中的沿水驳岸(池岸),无论规模大小,无论是规则几何式驳岸(池岸)还是不规则驳岸(池岸),驳岸的高度、水的深浅设计都应满足人的亲水性要求。驳岸(池岸)尽可能贴近水面,以人手能触摸到水为最佳。亲水环境中的其他设施(如水上平台、汀步、栈桥、栏索等),也应以人与水体的尺度关系为基准进行设计。

驳岸类型列表如表 4-14 所示。

表 4-14　驳岸类型列表

驳 岸 类 型	材 质 选 用
普通驳岸	砌块(砖、石、混凝土)
缓坡驳岸	砌块,砌石(卵石、块石),人工海滩沙石
带河岸裙墙的驳岸	边框式绿化,木桩锚固卵石
阶梯驳岸	踏步砌块,仿木阶梯
带平台的驳岸	石砌平台
缓坡、阶梯复合驳岸	阶梯砌石,缓坡种植保护

2)景观桥

(1)桥在自然水景和人工水景中都起到不可缺少的景观作用。其作用主要有:形成交通跨越点,横向分割河流和水面空间,形成地区标志物和视线集合点,眺望河流和水面的良好观景场所。其独特的造型具有自身的艺术价值。

(2)景观桥分为钢制桥、混凝土桥、拱桥、原木桥、锯材木桥、仿木桥、吊桥等。居住区一般以木桥、仿木桥和石拱桥为主,体量不宜过大,应追求自然简洁、精工细做。

3)木栈道

(1)木栈道为人们提供了行走、休息、观景和交流的多功能场所。由于木板材料具有一定的弹性和粗朴的质感,因此行走其上比一般石铺砖砌的栈道更为舒适,多用于要求较高的居住环境中。

(2)木栈道由表面平铺的面板(或密集排列的木条)和木方架空层两部分组成。木面板常用桉木、柚木、冷杉木、松木等木材,其厚度要根据下部木架空层的支撑点间距而定,一般厚为 3~5 cm,板宽一般为 10~20 cm,板与板之间宜留出宽 3~5 mm 的缝隙,不应采用企口拼接方式。面板不应直接铺在地面上,下部要有至少 2 cm 的架空层,以避免雨水浸泡,保持木材底部的干燥通风。设在水面上的架空层其木方的断面选用要经计算确定。

(3)木栈道所用木料必须进行严格的防腐和干燥处理。为了保持木质的本色和增强耐久性,用材在使用前应浸泡在透明的防腐液中 6~15 天,然后进行烘干或自然干燥,使含水量不大于 8%,以确保在长期使用中不变形。个别地区由于条件所限,也可采用涂刷桐油和防腐剂的方式进行防腐处理。

(4)连接和固定木板和木方的金属配件(如螺栓、支架等)应采用不锈钢或镀锌材料制作。

2. 庭院水景

庭院水景(见图 4-29)通常以人工化水景为多。根据庭院空间的不同,采取多种手法进行引水造景(如跌水、溪流、瀑布、涉水池等)。在场地中有自然水体的景观要保留利用,进行综合设计,使自然水景与人工水景融为一体。

图 4-29　庭院水景

庭院水景设计要借助水的动态效果营造充满活力的居住氛围。水体形态的水景效果如表 4-15 所示。

表 4-15　水体形态的水景效果

水 体 形 态		水 景 效 果			
		视觉	声响	飞溅	风中稳定性
静水	表面无干扰反射体(镜面水)	好	无	无	极好
	表面有干扰反射体(波纹)	好	无	无	极好
	表面有干扰反射体(鱼鳞波)	中等	无	无	极好
落水	水流速度快的水幕水堰	好	高	较大	好
	水流速度低的水幕水堰	中等	低	中等	尚可
	间断水流的水幕水堰	好	中等	较大	好
	动力喷涌、喷射水流	好	中等	较大	好
流淌	低流速平滑水墙	中等	小	无	极好
	中流速有纹路的水墙	极好	中等	中等	好
	低流速水溪、浅池	中等	无	无	极好
	高流速水溪、浅池	好	中等	无	极好
跌水	垂直方向瀑布跌水	好	中等	较大	极好
	不规则台阶状瀑布跌水	极好	中等	中等	好
	规则台阶状瀑布跌水	极好	中等	中等	好
	阶梯水池	好	中等	中等	极好
喷涌	水柱	好	中等	较大	尚可
	水雾	好	小	小	差
	水幕	好	小	小	差

1)瀑布跌水

(1)瀑布跌水按其跌落形式分为滑落式、阶梯式、幕布式、丝带式等多种,并模仿自然景观,采用天然石材或仿石材设置瀑布跌水的背景和引导水的流向(如景石、分流石、承瀑石等),考虑到观赏效果,不宜采用平整饰面的白色花岗石作为落水墙体。为了确保瀑布跌水沿墙体、山体平稳滑落,应对落水口处山石做卷边处理,或对墙面做坡面处理。瀑布跌水如图 4-30 所示。

图 4-30　瀑布跌水

(2)瀑布跌水因其水量不同,会产生不同的视觉、听觉效果,因此,落水口的水流量和落水高差的控制成为设计的关键参数,居住区内的人工瀑布跌水落差宜在 1 m 以下。

(3)跌水是呈阶梯式的多级跌落瀑布,其梯级宽高比宜在 3∶2～1∶1 之间,梯面宽度宜在 0.3～1.0 m 之间。

2)溪流

(1)溪流的形态应根据环境条件、水量、流速、水深、水面宽和所用材料进行合理的设计。溪流分可涉入式和不可涉入式两种。可涉入式溪流的水深应小于 0.3 m,以防止儿童溺水,同时水底应做防滑处理。可供儿童嬉水的溪流,应安装水循环和过滤装置。不可涉入式溪流宜种养适应当地气候条件的水生动植物,增强观赏性和趣味性。

(2)溪流配以山石可充分展现其自然风格,石景在溪流中所起到的景观作用如表 4-16 所示。

表 4-16　石景在溪流中所起到的景观作用

序号	名称	效　果	应用部位
1	主景石	形成视线焦点,起到对景作用,点题,说明溪流名称及内涵	溪流的首尾或转向处
2	隔水石	形成局部小落差和细流声响	铺在局部水线变化位置
3	切水石	使水产生分流和波动	不规则布置在溪流中间
4	破浪石	使水产生分流和飞溅	用于坡度较大、水面较宽的溪流
5	河床石	观赏石材的自然造型和纹理	设在水面下
6	垫脚石	具有力度感和稳定感	用于支撑大石块
7	横卧石	调节水速和水流方向,形成隘口	溪流宽度变窄和转向处
8	铺底石	美化水底,种植苔藻	多采用卵石、砾石、水刷石、瓷砖铺在基底上
9	踏步石	装点水面,方便步行	横贯溪流,自然布置

(3)溪流的坡度应根据地理条件及排水要求而定。普通溪流的坡度宜为 0.5%,急流处为 3% 左右,缓处不超过 1%。溪流宽度宜在 1～2 m,水深一般为 0.3～1 m,超过 0.4 m 时,应在溪流边采取防护措施(如石栏、木栏、矮墙等)。为了使居住区内环境景观在视觉上更为开阔,可适当增大宽度或使溪流蜿蜒曲折。溪流水岸宜采用散石和块石,并与水生或湿地植物的配置相结合,减少人工造景的痕迹。

3)生态水池和涉水池

(1)生态水池是适于水下动植物生长,又能美化环境、调节小气候,供人观赏的水景。在居住区里的生态水池多饲养观赏鱼和习水性植物(如鱼草、芦苇、荷花等),营造动物和植物互生互养的生态环境。

(2)水池的深度应根据饲养鱼的种类、数量和水草在水下生存的深度而确定,一般在 0.3～1.5 m,为了防止陆上动物的侵扰,池边平面与水面需保证有 0.15 m 的高差。水池壁与池底需平整,池壁与池底以深色为佳,不足 0.3 m 的浅水池,池底可做艺术处理,显示水的清澈透明。池底与池畔宜设隔水层,池底隔水层上覆盖 0.3～0.5 m 厚的土,种植水草。

(3)涉水池可分水面下涉水和水面上涉水两种。水面下涉水主要用于儿童嬉水,其深度不得超过 0.3 m,

池底必须进行防滑处理,不能种植苔藻类植物。水面上涉水主要用于跨越水面,应设置安全可靠的踏步平台和踏步石(汀步),面积不小于0.4 m×0.4 m,并满足连续跨越的要求。上述两种涉水方式应设水质过滤装置,保持水的清洁,以防儿童误饮池水。

3.泳池水景

泳池水景以静为主,营造一个让居住者在心理和身体上放松的环境,同时突出人的参与性特征(如游泳池、水上乐园、海滨浴场等)。居住区内设置的露天泳池不仅是锻炼身体和游乐的场所,而且是邻里之间的重要交往场所。泳池的造型和水面也极具观赏价值。

1)游泳池

(1)居住区泳池设计必须符合游泳池设计的相关规定。泳池平面不宜做成正规比赛用池,泳池边尽可能采用优美的曲线,以加强水的动感(见图4-31)。泳池根据功能需要尽可能分为儿童泳池和成人泳池,儿童泳池深度以0.6~0.9 m为宜,成人泳池为1.2~2 m。儿童泳池与成人泳池可统一考虑设计,一般将儿童泳池放在较高位置,水经阶梯式或斜坡式跌水流入成人泳池,既保证了安全又可丰富泳池的造型。

图4-31　泳池

(2)池岸必须做圆角处理,铺设软质渗水地面或防滑地砖。泳池周围多种灌木和乔木,并提供休息和遮阳设施,有条件的小区可设计更衣室和供野餐的设备及区域。

2)人工海滩浅水池

人工海滩浅水池(见图4-32)主要让人享受日光浴。池底基层上多铺白色细砂,坡度由小至大,深度一般为0.2~0.6 m之间,驳岸需做成缓坡式,以木桩固定细砂,人工海滩浅水池附近应设计冲砂池,以便于更衣。

4.装饰水景

装饰水景不附带其他功能,起烘托环境的作用。这种水景往往构成环境景观的中心。装饰水景是通过人工对水流的控制(如排列、疏密、粗细、高低、大小、时间差等)达到艺术效果,并借助音乐和灯光的变化产生视觉上的冲击,进一步展示水体的活力和动态美,满足人的亲水要求。

1)喷泉

(1)喷泉(见图4-33)是完全靠设备制造出的水景,对水的射流控制是关键环节,采用不同的手法进行组合,会出现多姿多彩的变化形态。

图 4-32　人工海滩浅水池

图 4-33　喷泉

（2）喷泉景观的分类和适用场所如表 4-17 所示。

表 4-17　喷泉景观的分类和适用场所

名　　称	主　要　特　点	适　用　场　所
壁泉	由墙壁、石壁和玻璃板上喷出，顺流而下形成水帘和多股水流	广场,居住区入口,景观墙,挡土墙,庭院
涌泉	水由下向上涌出，呈水柱状，高出 0.6～0.8 m，可独立设置也可组成图案	广场,居住区入口,庭院,假山,水池
间歇泉	模拟自然界的地质现象	溪流,小径,泳池边,假山
旱地泉	将喷泉管道和喷头下沉到地面以下，喷水时水流落到广场硬质铺装上，沿地面坡度排出，平常可作为休闲广场	广场,居住区入口

续表

名　　称	主　要　特　点	适　用　场　所
跳泉	射流非常光滑稳定,可以准确落在受水孔中,在计算机控制下,生成可变化长度和跳跃时间的水流	庭院,园路边,休闲场所
跳球喷泉	射流呈光滑的水球,水球的大小和间歇时间可控制	庭院,园路边,休闲场所
雾化喷泉	由多组微孔喷管组成,水流通过微孔喷出,看似雾状,多呈柱形和球形	庭院,广场,休闲场所
喷水盆	外观呈盆状,下有支柱,可分多级,出水系统简单,多为独立设置	园路边,庭院,休闲场所
小品喷泉	从雕塑中的器具(罐、盆)和动物(鱼、龙等)口中出水,形象有趣	广场,群雕,庭院
组合喷泉	具有一定规模,喷水形式多样,有层次,有气势,喷射高度较高	广场,居住区入口

2)倒影池

(1)光和水的互相作用是水景景观的精华所在,倒影池就是利用光影在水面形成的倒影,扩大视觉空间,丰富景物的空间层次,增强景观的美感。倒影池极具装饰性,可做得十分精致,不管水池大小都能产生特殊的借景效果,花草、树木、小品、岩石前都可设置倒影池(见图4-34)。

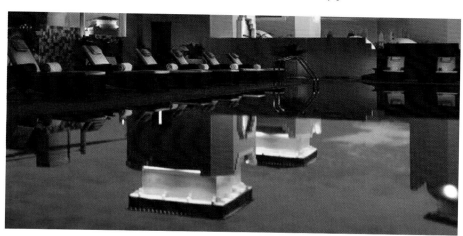

图 4-34　倒影池

(2)倒影池的设计首先要保证池水一直处于平静状态,尽可能避免风的干扰;其次,池底要采用黑色和深绿色材料铺装(如黑色塑料、沥青胶泥、黑色面砖等),以增强水的镜面效果。

5. 景观用水

1)给水排水

(1)给水排水一般用水点较分散,高程变化较大,通常采用树枝式管网和环状式管网布置。管网干管尽可能靠近供水点和水量调节设施,干管应避开道路(包括人行路)铺设,一般不超出绿化用地范围。

(2)要充分利用地形,采取拦、阻、蓄、分、导等方式进行有效的排水,并考虑土壤对水分的吸收,注重保水保湿,利于植物的生长。与天然河渠相通的排水口,必须高于最高水位控制线,防止出现倒灌现象。

（3）给水排水管宜用 UPVC 管,有条件的则采用铜管和不锈钢管给水管,优先选用离心式水泵,采用潜水泵的必须严防绝缘破坏导致水体带电。

2）浇灌水方式

（1）对面积较小的绿化种植区和行道树使用人工洒水灌溉。

（2）对面积较大的绿化种植区通常使用移动式喷灌系统和固定喷灌系统。

（3）对人工地基的栽植地面(如屋顶、平台)宜使用高效节能的滴灌系统。

3）水位控制

景观水位控制直接关系到造景效果,尤其对于喷射式水景更为敏感。在进行设计时,应考虑设置可靠的自动补水装置和溢流管路。较好的做法是采用独立的水位平衡水池和液压式水位控制阀,用连通管与水景水池连接。溢流管路应设置在水位平衡井中,保证景观水位的升降和射流的变化。

4）水体净化

（1）居住区水景的水质要求主要是确保景观性(如水的透明度、色度和浊度)和功能性(如养鱼、戏水等)。水景水处理的方法通常有物理法、化学法、生物法。

（2）水处理分类和工艺原理如表 4-18 所示。

表 4-18　水处理分类和工艺原理

分 类 名 称		工 艺 原 理	适 用 水 体
物理法	定期换水	稀释水体中的有害污染物,防止水体变质和富营养化	适用于各种不同类型的水体
	曝气法	①向水体中补充氧气,以保证水生生物生命活动及微生物氧化分解有机物所需氧量,同时搅动水体达到水循环;②曝气方式主要有自然跌水曝气和机械曝气	适用于较大型水体(如湖、养鱼池、水洼)
化学法	格栅—过滤—加药	通过机械过滤去除颗粒杂质,降低浊度,直接向水中投化学药剂,杀死藻类,以防水体富营养化	适用于水面面积和水量较小的场合
	格栅—气浮—过滤	通过气浮工艺去除藻类和其他污染物质,兼有向水中充氧曝气作用	适用于水面面积和水量较大的场合
	格栅—生物处理—气浮—过滤	在格栅—气浮—过滤工艺中增加了生物处理工艺,技术先进,处理效率高	适用于水面面积和水量较大的场合
生物法	种植水生植物	以生态学原理为指导,将生态结构与功能应用于水质净化,充分利用自然净化与生物间的相克作用和食物链关系改善水质	适用于观赏用水等多种场合
	养殖水生鱼类		

七、庇护性景观

1. 概念

（1）庇护性景观构筑物是居住区中重要的交往空间,是居民户外活动的集散点,既有开放性,又有遮蔽性,主要包括亭、廊、棚架、膜结构等。

（2）庇护性景观构筑物应邻近居民主要步行活动路线布置,易于通达,并作为一个景观点在视觉效果上加以认真推敲,确定其体量大小。

2. 亭

亭是供人休息、遮阴、避雨的建筑,个别属于纪念性建筑和标志性建筑。亭的形式、尺寸、色彩、题材等应与所在居住区景观相适应、协调。亭的高度宜在 2.4～3 m,宽度宜在 2.4～3.6 m,立柱间距宜在 3 m 左右。木制凉亭应选用经过防腐处理的耐久性强的木材。景观亭如图 4-35 所示。

图 4-35　景观亭

亭的形式和特点如表 4-19 所示。

表 4-19　亭的形式和特点

名　　称	特　　点
山亭	设置在山顶和人造假山石上,多属于标志性建筑
靠山半亭	靠山体、假山建造,显露半个亭身,多用于中式园林
靠墙半亭	靠墙体建造,显露半个亭身,多用于中式园林
桥亭	建在桥中部或桥头,具有遮风避雨和观赏功能
廊亭	与廊连接的亭,形成连续景观的节点
群亭	由多个亭有机组成,具有一定的体量和韵律
纪念亭	具有特定意义
凉亭	以木制、竹制或其他轻质材料建造,多用于盘结悬垂类蔓生植物,亦常作为外部空间通道使用

3. 廊

廊以有顶盖为主,可分为单层廊、双层廊和多层廊。景观廊如图 4-36 所示。

廊具有引导人流、引导视线、连接景观节点和供人休息的功能,其造型和长度也形成了自身有韵律感的连续景观效果。廊与景墙、花墙相结合增加了观赏价值和文化内涵。

廊的宽度和高度设定应按人的尺度比例关系加以控制,避免过宽过高,一般高度宜在 2.2～2.5 m 之间,宽度宜在 1.8～2.5 m 之间。居住区内建筑与建筑之间的连廊尺度控制必须与主体建筑相适应。

图 4-36　景观廊

柱廊是以柱构成的廊式空间,是一个既有开放性又有限定性的空间,能增加环境景观的层次感。柱廊一般无顶盖或在柱头上加设装饰构架,靠柱子的排列产生效果,柱间距较大,纵列间距以 4～6 m 为宜,横列间距以 6～8 m 为宜。柱廊多用于广场、居住区主入口处。

4. 棚架

棚架(见图 4-37)有分隔空间、连接景点、引导视线的作用,由于棚架顶部由植物覆盖而产生庇护作用,同时减少太阳对人的热辐射。有遮雨功能的棚架,可局部采用玻璃和透光塑料覆盖。适用于棚架的植物多为藤本植物。

图 4-37　棚架

棚架形式可分为门式、悬臂式和组合式。棚架高宜 2.2～2.5 m,宽宜 2.5～4 m,长度宜 5～10 m,立柱间距 2.4～2.7 m。

棚架下应设置供休息用的椅凳。

5. 膜结构

膜结构(见图 4-38)由于其材料的特殊性,能塑造出轻巧多变、优雅飘逸的建筑形态。膜结构可作为标志性建筑,应用于居住区的入口与广场上;作为遮阳庇护性建筑,应用于露天平台、水池区域;作为建筑小品,应用于绿地中心、河湖附近及休闲场所。膜结构可模拟风帆海浪形成起伏的建筑轮廓线。

居住区内的膜结构设计应适应周围环境空间的要求,不宜做得过于夸张,位置选择需避开消防通道。

图 4-38　膜结构

膜结构的悬索拉线埋点要隐蔽并远离活动区。

必须重视膜结构的前景和背景设计。膜结构一般为银白反光色,醒目鲜明,因此要以蓝天、较高的绿树或颜色偏冷偏暖的建筑物为背景,形成较强烈的对比。前景要留出较开阔的场地,并设计水面,突出其倒影效果,如结合泛光照明可营造出富于想象力的夜景。

八、模拟化景观

模拟化景观是现代造园手法的重要组成部分,它是以替代材料模仿真实材料,以人工造景模仿自然景观,以凝固模仿流动,是对自然景观的提炼和补充,运用得当会超越自然景观的局限,达到特有的景观效果。模拟景观分类及设计要点如表 4-20 所示。

表 4-20　模拟景观分类及设计要点

分类名称	模仿对象	设计要点
假山石	模仿自然山体	①采用天然石材进行人工堆砌再造。分观赏性假山和可攀登假山,后者必须采取安全措施。②居住区堆山置石的体量不宜太大,构图应错落有致,选址一般在居住区入口、中心绿化区。③适应配置花草、树木和流水
人造山石	模仿天然石材	①人造山石采用钢筋、钢丝网或玻璃钢做内衬,外喷抹水泥做成石材的纹理褶皱,喷色后似山石和海石,喷色是仿石的关键环节。②人造石以观赏为主,在人经常践踏的部位需加厚填实,以增加其耐久性。③人造山石覆盖层下宜设计为渗水地面,以利于保持干燥
人造树木	模仿天然树木	①人造树木一般采用塑料做枝叶,枯木和钢丝网抹灰做树干,可用于居住区入口和较干旱地区,具有一定的观赏性,可烘托局部的环境景观,但不宜大量采用。②在建筑小品中应用仿木工艺,做成梁柱、绿竹小桥、木凳、树桩等,达到以假代真的效果,增强小品的耐久性和艺术性。③仿真树木的表皮装饰要求细致,切忌色彩夸张

续表

分 类 名 称	模 仿 对 象	设 计 要 点
枯水	模仿水流	①多采用细砂和细石铺成流动的水状,应用于居住区的草坪和凹地中,砂石以纯白为佳。②可与石块、石板桥、石井及盆景植物组合,成为枯山水景观区。卵石等自然石块作为驳岸使用材料,塑造枯水的浸润痕迹。③以枯水形成的水渠河溪,也是供儿童游戏的场所,也可设计出"过水"的汀步,方便人员活动
人工草坪	模仿自然草坪	①用塑料及织物制作,适用于小区广场的临时绿化区和屋顶上部。②具有良好的渗水性,但不宜大面积使用
人工坡地	模仿波浪	①将绿地草坪做成高低起伏、层次分明的造型,并在坡尖上铺带状白砂石,形成"浪花"。②必须选择靠路和广场的适当位置,用矮墙砌出波浪起伏的断面形状,突出"浪"的动感
人工铺地	模仿水纹、海滩	①采用灰瓦和小卵石,有层次、有规律地铺装成鱼鳞水纹,多用于庭院内园路。②采用彩色面砖,并由浅变深逐步退晕,表现海滩效果,多用于水池和泳池岸边

九、高视点景观

随着居住区密度变大,住宅楼的层数也越建越多,居住者在很大程度上都处在由高点向下观景的位置,即形成高视点景观。这种设计不但要考虑地面景观序列沿水平方向展开,而且要充分考虑垂直方向的景观序列和特有的视觉效果。

高视点景观平面设计强调悦目和形式美,大致可分为两种布局。

(1)图案布局,具有明显的轴线、对称关系和几何形状,由基地上的道路、花卉、绿化种植及硬质铺装等组合而成,突出韵律及节奏感。

(2)自由布局,无明显的轴线和几何图案,由基地上的园路、绿化种植、水面等组成(如高尔夫球练习场),突出场地的自然化。

在点线面的布置上,高视点景观设计尽可能少采用点和线,更多地强调面,即色块和色调的对比。色块由草坪色、水面色、铺地色、植物覆盖色等组成,相互之间需搭配合理,并以大色块为主,色块轮廓尽可能清晰。

植物搭配要突出疏密之间的对比。种植物应形成簇团状,不宜散点布置。草坪和铺地作为树木的背景要求显露出一定比例的面积,不宜采用灌木和乔木进行大面积覆盖。树木在光照下形成的阴影轮廓应能较完整地投在草坪上。

水面在高视点景观设计中占重要地位,只有在高点上才能看到水体的全貌和水池的优美造型。因而要对水池和泳池的底部色彩和图案进行精心的艺术处理(如贴反光片或勾画出海洋动物形象),充分发挥水的光感和动感,给人以意境之美。

视线之内的屋顶、平台(如亭、廊等)必须进行色彩遮盖处理(如盖有色瓦或绿化),改善其视觉效果。基地内的活动场所(如儿童游乐场、运动场等)的地面铺装要求做色彩处理。

十、照明景观

　　居住区室外景观照明的目的主要有四个方面：①增强对物体的辨别度；②提高夜间出行的安全性；③保证居民晚间活动的正常开展；④营造环境氛围。

　　照明作为景观素材进行设计，既要符合夜间使用功能，又要考虑白天的造景效果，必须设计或选择造型优美别致的灯具，使之成为一道亮丽的风景。

　　照明分类及适用场所如表 4-21 所示。

表 4-21　照明分类及适用场所

照明分类	适用场所	参考照度/lx	安装高度/m	注意事项
车行照明	居住区主次道路	10～20	4.0～6.0	应选用带遮光罩的灯具；避免强光直射到住户屋内；光线投射到路面上要均衡
	自行车、汽车场	10～30	2.5～4.0	
人行照明	步行台阶（小径）	10～20	0.6～1.2	避免眩光，采用较低处照明；光线宜柔和
	园路、草坪	10～50	0.3～1.2	
场地照明	运动场	100～200	4.0～6.0	多采用向下照明方式，灯具的选择应有艺术性
	休闲广场	50～100	2.5～4.0	
	广场	150～300	—	
装饰照明	水下照明	150～400	—	水下照明应防水、防漏电，参与性较强的水池和游泳池使用 12 V 安全电压；应禁用或少用霓虹灯和广告灯箱
	树木绿化	150～300	—	
	花坛、围墙	30～50	—	
	标志、门灯	200～300	—	
安全照明	交通出入口（单元门）	50～70	—	灯具应设在醒目的位置；为了方便疏散，应急灯设在侧壁
	疏散口	50～70	—	
特写照明	浮雕	100～200	—	采用侧光、投光和泛光等多种形式；灯光色彩不宜太多；泛光不应直接射入室内
	雕塑、小品	150～500	—	
	建筑立面	150～200	—	

Jingguan Sheji Jichu

第 五 章
城市开放空间设计

　　城市开放空间一般指室外的公共空间,包括街道、广场、公园和自然风景场所等。开放空间不但给城市居民提供了娱乐休闲的空间,而且是交通、休憩、文化、教育等多种职能的载体,同时有利于提高城市的防灾能力。开放空间景观上的价值也是不可忽视的,对一座城市风貌的印象大部分来源于城市的开放空间。本章主要从城市广场设计、城市公园设计、城市滨水区设计、城市商业步行街设计等方面进行景观设计的介绍。

第一节
城市广场设计

　　城市广场(见图5-1)是城市道路交通系统中具有多种功能的空间,是政治、文化活动的中心,也是公共建筑最为集中的地方。城市广场体系规划是城市总体规划和城市开放空间规划的重要组成部分,其内容包括城市广场体系空间结构,城市广场功能布局,广场的性质、规模、标准,各广场与整个城市及周边用地的空间组织、功能衔接和交通联系。本节主要讲解城市广场的概念、起源、分类以及城市广场规划设计应注意的问题、所需的资料和最终形成的成果。

图 5-1　城市广场

一、城市广场的概念

　　许多学者从不同的角度对城市广场进行了描述。J. B. 杰克逊认为广场是将人群吸引到一起进行静态休闲活动的城市空间形式。凯文·林奇认为广场位于一些高度城市化区域的核心部位,被有意识地作为活动焦点。通常情况下,广场经过铺装,被高密度的构筑物围合,有街道环绕或与其连通。它应具有可以吸引人群和便于聚会的要素。《人性场所》表述的观点是:广场是一个主要为硬质铺装的、汽车不能进入的户外公共空间。其主要功能是漫步、闲坐、用餐或观察周围世界。与人行道不同的是,它是一处具有自我领域的空间,而不是一个用于路过的空间。当然可能会有树木、花草和地面植被的存在,但占主导地位的是硬质地面。如果草地和绿化区域超过硬质地面的数量,将这样的空间称为公园,而不是广场。以上观点大多指的是现代广场的含义。

目前,达成共识的观点如下:城市广场是城市居民社会生活的中心,是城市不可或缺的重要组成部分,被誉为"城市的客厅"。城市广场具有集会、交通集散、居民游览休息、商业服务及文化宣传等功能。简而言之,广场具有展示的功能。甚至许多的影视娱乐节目都采用广场的概念,如"媒体广场""娱乐广场"等都可以体现广场是一个展示某种东西的地方。

二、城市广场的起源

广场从远古走来。追溯人类发展的历史,可在原始社会发现早期广场的痕迹。在早期人类社会,人的力量之于大自然微乎其微,人类的生存与发展完全仰仗于大自然的恩赐,人类不得不依照自然意志进行各种活动,不得不群居于临水或临森林易于获取生活资料的高地之上。无论从生物学还是社会学的角度来分析,早期的人类已经充分显示出人的聪明和智慧。那时,他们的活动已经不单是为了生存,在原始社会的固定居民点已经形成环形村落,以及用于氏族会议、节日庆典、供奉祭祀、宗教议事的中间空地。广场从这时起已在酝酿之中了。这时的广场外观朴素,功能单一,无地表铺装和专门设计,只是一种自然状态的空间围合。

早期城市的形成和地理环境有密切的关系。相异的地理条件形成了不同的文明体系,并对城市的形成和城市广场的形式、功能产生着直接或间接的影响。

广场作为城市景观的重要组成部分,在不同时期,以不同的形式出现在各国的城市中。最早的广场出现于公元前8世纪古希腊的城邦国家中。多山和海岸曲折的地形以及青铜器时期的经济与文明未能使古希腊形成一个统一的大国,一直到罗马帝国统一地中海沿岸各国,始终是许多分散的独立的小诸侯国。城市由僧侣统治,城市中突出的景观是神庙。与此相似,早期的苏美尔人的城市景观中,庙宇十分明显;古埃及文明突出的景观是城市外围的金字塔陵墓和神庙。这些神庙周围的开阔场地是附属于神庙的,主要用于供奉祭祀和宗教仪式,这是这个时期广场的主要功能。在中国古代包括整个封建时期,广场或"似广场"有两类:一是由院落空间发展而成的,二是结合交通、贸易、宗教活动之需的城镇空地。中国古代的广场与欧洲和现代的城市广场在概念上是有一定的差距的。古埃及陵墓小广场如图5-2所示。

图5-2 古埃及陵墓小广场

古代广场的形成期是公元4世纪以前的时期。这个时期广场的主要用途是供奉祭祀和宗教仪式,城市或国家由僧侣统治(主要指欧洲)。广场是宗教活动派生的,没有经过专门设计,不是城市景观的主要部分。

公元4世纪以后,国家由贵族统治,诸侯国变成了民主的城邦。城市由三个部分组成:私人住宅区、神庙区以及进行政治集会、商业活动、演出和运动会的公共活动区域。

在这些城邦国家中,广场和剧场是城市的特别设置,用于大部分居民参加集会。城市广场是居民参加政治、文化活动的中心。除了广场,城邦国家中的重要政治机构还有居民代表大会和市政厅、元老议事厅。市政厅、元老议事厅一般总是在集市广场附近,居民代表大会的委员通常是在集会广场上聚会,聚会广场被称为"阿果拉"(agora)。

广场的设置能够使全体居民或至少大部分居民参加集会。广场的设置营造了民主的气氛,可以使每位居民感到自己确实属于集体中的一员:城市是自己的,自己是城市的。广场给了那个时代的城市人一种归属感、向心感、适宜感。广场凝聚了城市中的每位居民。

从古希腊到古罗马,西方的城市广场在外观和功能上经历了从简单到多样化的过程,取得了一定的成就。然而,公元 7 世纪中叶以后,环地中海统一的罗马文化被伊斯兰文化所取代,城市的格局发生了截然不同的变化。

伊斯兰文化意味着家庭生活绝对秘密的特征,因此,城市布局是不能相互交流与渗透的。商店不是围绕广场,而是设置在一条或几条相邻的加有天棚的街道里。这种带天棚的商业街称为 passage。城市的广场和集市广场是罗马时期留下来的,被看成是把若干街道联系起来的大院子,广场周围几乎没有供步行者和手推车通过的回廊。仅有的广场只是为伊斯兰文化活动服务的,如大马士革清真寺广场(见图 5-3)。

图 5-3　大马士革清真寺广场

进入中世纪,城市景观中教堂和教堂广场明显增加。13 世纪城市开始重新繁荣。城市广场成为城市的中心,如威尼斯的圣马可广场(见图 5-4)。同时,用于公共活动的集市广场也开始有计划地兴建,如纽伦堡老城区改建为新的集市广场并建立了相应的公共建筑。这个时期大多数的城市广场依附在教堂附近,依然留着宗教的影子。

图 5-4　威尼斯的圣马可广场

文艺复兴以后,国家和教会逐渐分离,国家开始控制城市。经济、文化、建筑学和建筑思想得到了进一步的发展,城市开始得到大规模的扩建和改建。其中重要的内容就是城市广场建设,如费拉拉的阿里奥斯托广场、巴黎的皇家广场、多菲纳三角广场、半圆形的法兰西广场和法国卢浮宫广场(见图5-5)。城市广场随着城市在18世纪一起进入近代发育时期。

图 5-5 法国卢浮宫广场

这个时期城市广场发展具有了经济和技术的基础。城市广场具有了以下特点:广场建设的计划性,形式的多样性,脱离教堂和市政厅由宗教政治中心向政治经济中心转变,缺少广场的绿地设计。

工业革命以后,世界人口急剧增加,城市化进程不断加快,城市开始膨胀为特大城市和城市带,随之出现了一系列的城市问题,如城市规模不合理、布局不合理、城市畸形发展、居住环境质量下降,尤其是城市大气污染、污水和垃圾等导致的城市景观和城市环境质量下降,使人们开始对城市的发展重新考虑,通过各种规划和管理提高城市整体的发展水平,城市广场成为改善城市景观和适应城市居民生活的一项主要内容。

20世纪90年代以前,中国市民的重要活动空间几乎都是动态的线性空间——街道。其重要活动就是购物。由于受经济发展水平和民族文化的影响,中国的广场有几种基本类型:交通广场、政治集会广场、政府大厦广场、新兴的文化生活广场。

在欧美国家,城市广场被称为城市的客厅或起居室。它体现一个城市的文化和活力,极富生命力,市民乐于在此交谈、观赏和娱乐。它在城市景观中起着主宰作用。随着全球化进程的加快和中国的改革开放,政治、经济、文化相互碰撞交流,在全球范围内开始出现世界性城市。在广场建设上,开始出现趋同的广场市民化、商业化、多样化趋势,城市广场无论在形式、内容和功能上都必须满足现代城市社会、经济发展的需要。

三、城市广场的分类

按照广场的主要功能、用途及在城市交通系统中所处的位置,城市广场可分为集会游行广场(包括市民广场、纪念性广场、生活广场、文化广场、游憩广场)、交通广场、商业广场等。但这种分类是相对的,现实中每一类广场都或多或少具备其他类型广场的某些功能。因此,城市广场的分类,从一定程度上描述了广场的功能。

1. 集会游行广场

城市中的市中心广场、区中心广场上大多布置公共建筑,平时为城市交通服务,同时也供旅游及一般活动使用,需要时可进行集会游行。这类广场有足够的面积,并可合理地组织交通,与城市主干道相连,满足人流集散需要,一般不可通行货运交通。可在广场的另一侧布置辅助交通网,使之不影响集会游行等活动。例如北京天安门广场、上海人民广场、昆明市中心广场和莫斯科红场等,均可供群众集会游行和节日联欢之用。这类广场一般设置较小的绿地,以免妨碍交通和破坏广场的完整性。在主席台、观礼台的周围,可重点设计常绿树。节日时,可点缀花卉。为了与广场及周围气氛相协调,一般以规整形式为主,在广场四周道路两侧可布置行道树组织交通,保证广场上的车辆和行人互不干扰、畅通无阻。广场还应有足够的停车面积和行人活动空间,其绿化特点是一般沿周边种植,为了组织交通,可在广场上设绿地种植草坪、花卉装饰广场,形成交通岛的作用,行人一般不得入内。北京天安门广场如图5-6所示。

图 5-6　北京天安门广场

2. 交通广场

交通广场一般是指环形交叉口和桥头广场,设在几条交通干道的交叉口上,主要为组织交通用,也可装饰街景。在种植设计上,必须服从交通安全的条件,绝对不可阻碍驾驶员的视线,所以多用矮生植物点缀中心岛,例如广州的海珠广场(见图5-7)。在这类广场上可种花草、绿篱、低矮灌木或点缀一些常绿针叶林,要求树形整齐、四季常青,在冬季也有较好的绿化效果,同时也可设置喷泉、雕塑等。交通广场一般不允许入内,但也有起街心花园作用的形式。

图 5-7　广州的海珠广场

3. 商业广场

面对交通拥挤问题,商业广场的设计采取人车分流的手段,以步行商业广场、步行商业街,以及各种集市露天广场形式居多。商业广场如图 5-8 所示。

图 5-8　商业广场

城市广场还可以按照广场形态分为规整形广场、不规整形广场及广场群等。现代城市广场形态越来越复合化、立体化,包括下沉式广场、空中平台和步行街等。按照广场构成要素可分为建筑广场、雕塑广场、水上广场、绿化广场等。按照广场的等级可分为市级中心广场、区级中心广场和地方性广场(如居住街区广场、重要地段公共建筑集散广场和建筑物前广场)等。

四、城市广场建设要考虑的问题

1. 城市广场功能问题

我们从广场分类中多少已经感觉到了城市广场所具有的一定功能。城市广场建设首先应清楚确认其使用对象,其次依据服务的对象确定其应该具备的功能,最后采用相应的手法来满足既定的功能。从前面广场的历史发展以及分类中,可以窥视到城市广场的发展和其功能的关系。

目前,城市空间的完整性、城市形态或城市形式的重要性已经得到了确认,但是对城市形态和城市功能之间的关系或相互作用,人们却关心不多。城市广场作为城市形态的一部分,人们不应该只关注其外在形式的美观、华丽,更应该关心其承载的功能。因此,城市广场设计和建设一定要考虑影响人们活动行为的因素。

从某种角度来看,城市和城市广场的发展是社会经济发展的结果,但更本质的应该归因于科技的进步。因此,我们从科技进步的层面去分析广场功能的变化或转移。早先由于科技水平较低,先进的交通工具和通信工具还没有出现,人们会去露天广场购物,会到公共水井打水,会到中心广场听别人发布信息。现在由于科技发展,出现了汽车、电视机、互联网,使得人们对信息的获取、购物甚至部分工作都可以在家里完成。但是这样的论述并不是否认人们对广场的需要,相反,人们会对广场有更多的期待,而此时广场需要提供的功能已经悄然发生了变化,功能在一定程度上发生了转移。这是对建筑、景园规划设计者的一种暗示,应该随时清楚作品所服务的对象,而不是只停留于作品的精美构图上。

2. 设计原则问题

1)生态性原则

城市广场建设应从设计阶段开始通盘考虑生态性原则。结合规划地的实际情况,从土地利用到绿地安排,都应当遵循生态规律,尽量减少对自然生态系统的干扰,或通过规划手段恢复、改善已经恶化的生态环境。

2)适宜性原则

适宜性原则是指一个聚居地是否适宜,主要是指公共空间和当时的城市规划是否与其居民的行为习惯相符,即是否与市民在行为空间和行为轨迹中的活动和形式相符。个人对"适宜"的感觉就是"好用",即用起来得心应手、充分而适宜。

目前中国的城市广场中,中心广场、大广场较多,散布于城市中的小型广场还不能充分满足市民娱乐健身活动需求。中心广场草坪大,但可入性低,其发展模式尚需进一步探讨。城市广场的使用应充分体现对人的关怀。古典的广场一般没有绿地,以硬地或建筑为主;现代广场则出现大片的绿地,并通过巧妙的设施配置和交通竖向组织,实现广场的可达性和可留性,强化广场作为公众中心场所精神。现代广场的规划设计以人为主体,体现人性化,其使用进一步贴近人的生活。因此,城市广场的设置大致应该从以下方面着手。

(1)广场要有足够的铺装硬地供人活动,同时也应保证不少于广场面积25%的绿地,为人们遮挡烈日,丰富景观层次和色彩。

(2)广场中需有凳子、饮水器、公厕、小售货亭等服务设施,而且还要有一些雕塑、小品、喷泉等,使广场更具文化内涵和艺术感染力。只有做到设计新颖、布局合理、环境优美、功能齐全,才能充分满足广大市民大到高雅艺术欣赏、小到健身娱乐休闲的不同需要。

(3)广场交通流线组织要以城市规划为依据,处理好与周边道路交通的关系,保证行人安全。除交通广场外,其他广场一般限制机动车辆通行。

(4)广场的小品、绿化等均应以人为中心,时时体现为人服务的宗旨,处处符合人体的尺度,如飞珠溅玉的瀑布、此起彼伏的喷泉、高低错落的绿化,让人感受到自然的气息,使人赏心悦目、神清气爽。

此外,根据地形特点和人类活动规律,结合其他设计原则,在城市的特殊节点上发展小型广场是今后城市广场发展的一个方向。这些小型城市广场可以成为社区级的或小区级的中心,从一定程度上可以缓解城市的交通压力。

3)城市空间完整性原则

城市空间包括开放空间和封闭空间(建筑空间),城市空间的完整性需要通过城市建筑的安排来实现。开放空间及其体系是人们认识、体验城市的主要窗口和领域。城市广场作为城市空间的重要部分,其设计应该充分考虑城市景观完整性,使城市空间呈现连续性、流动性、层次性和凝聚性。

4)地方特色原则

地方特色原则是一条重要原则。城市广场的地方特色既包括自然特色,又包括其社会特色。

首先,城市广场应突出其地方人文特性和历史特性。城市广场建设应继承城市本身的历史文脉,适应地方风情民俗文化,突出地方建筑艺术特色,有利于开展地方特色的民间活动,避免千城一面、似曾相识之

感,增强广场的凝聚力和城市旅游吸引力。如济南泉城广场(见图5-9),代表的是齐鲁文化,体现的是"山、泉、湖、河"的泉城特色。广东省新会区冈州广场营造的是侨乡建筑文化特色;西安的钟鼓楼广场(见图5-10),注重把握历史的文脉,整个广场以连接钟鼓楼、衬托钟鼓楼为基本使命,并把广场与钟楼、鼓楼有机结合起来,具有鲜明的地方特色。

图5-9 济南泉城广场

图5-10 西安的钟鼓楼广场

其次,城市广场还应突出其地方自然特色,即适应当地的地形地貌和气温气候等。城市广场应强化地理特征,尽量采用富有地方特色的建筑艺术手法和建筑材料,体现地方山水园林特色,以适应当地气候条件。如北方广场强调日照,南方广场则强调遮阳。一些专家倡导南方建设"大树广场"便是一个生动的例子。

5)多功能性原则

多功能性原则体现在不同地段的城市广场具有的职能有主次之分。在充分体现其主要功能之外,应当尽可能地满足游人的娱乐休闲活动要求。人们乐意逗留对于商家来说则存在着无限的商机,城市地价也会因城市广场的布置发生变化。

3."广场热"问题

"广场热"问题主要是针对城市广场建设的模仿性以及广场建设中存在的诸多问题而展开讨论的,并不是指责和反对建设城市广场,只要城市广场设计符合城市的需要,能够满足市民的生活文化需要,为何不兴而建之?

4.城市广场面积问题

一般来说,城市大,城市中心广场的面积也大;城市小,城市中心广场也不宜规划得太大。片面地追求大广场,以为城市广场越大越好、越大越漂亮、越大越气派,那是错误的。大广场不仅在经济上花费巨大,而且在使用上也不方便。同时,广场尺寸不宜人,也很难设计出好的艺术效果。城市广场尺寸太大会缺乏活力和亲和力。

维特鲁威说:"罗马广场的尺寸应适应听众需要,否则场地会不够用,听众少的时候场地又会显得太大。所以这样来定广场的宽度就可以了:把长度分成三份,两份之长作为宽度。这样就可以形成一个长方形,排列方式也更适合于游览观赏的目的。"故此建议:小城市中心广场的面积一般在1~2公顷,大中城市中心广场面积在3~4公顷,如有必要可以再大一些。至于交通广场,面积大小取决于交通量的大小、车流运行规律和交通组织方式等;集会游行广场,取决于集会时需要容纳的最多人数;影剧院、体育馆、展览馆前的集散广场,取决于在许可的集聚和疏散时间内能满足人流与车流的组织与通过。此外,广场面积还应满足配套相应的附属设施,如停车场、绿化种植、公用设施等。观赏要求方面还应考虑人们在广场上有良好的视线。在体形高大的建筑物的主要立面方向,宜相应地配置较大的广场。中外著名城市广场面积比较如表 5-1 所示。

表 5-1　中外著名城市广场面积比较

地 理 位 置	广 场 名 称	面积/公顷
北京	天安门广场	39.6
威尼斯	圣马可广场	1.28
郑州	二七广场	4.0
天津	海河广场	1.6
太原	五一广场	6.3
大同	红旗广场	2.9
纽约	洛克菲勒中心广场	8.9
佛罗伦萨	长老会议广场	0.54
罗马	罗马市政广场	0.40
莫斯科	红场	9

5. 城市广场与周边建筑的关系

广场与周边建筑的比例尺度是没有定式的。例如,天安门广场宽为 500 m,两侧的建筑,如人民大会堂、中国革命历史博物馆的高度均在 30～50 m 之间,这样的比例使人感到开阔。由于广场中央布置了人民英雄纪念碑、大型喷泉、灯柱、栏杆、花坛、草地,特别又建立了毛主席纪念堂,丰富了广场的内容,增加了广场的层次,使人并不感到空旷。

一般来说,广场四周建筑物低,广场显得开阔、通透;广场四周建筑物高,高宽比处于 1∶2 左右时,广场更显得有内聚感。此外,广场四周建筑物少、绿化多,广场显得广阔、通透;广场四周布满建筑物,广场显得封闭感、安全感好,界面漂亮。大广场中的组成要素应有较大的比例尺度,小广场中的组成要素宜用较小的比例尺度。

五、城市广场设计前期需收集的基础资料

(1)城市总体规划、分区规划或详细规划对本规划地段的规划要求,相邻地段已批准的规划资料。

(2)建设方及政府规划部门的倾向性意见、开发意向、前期资金投入和运作模式、后期管理办法。

(3)建设规划许可证批文及用地红线图。

(4)市域图及区域位置图。

(5)建筑物现状(包括房屋用途、产权、建筑面积、层数、建筑质量、保留建筑等)、植被现状(包括植物种类、位置等)、道路现状(包括道路等级、路面质量)。

(6)公共设施规模、分布。

(7)工程设施管网的现状、规划位置及规模容量。

(8)工程地质、水文地质等资料。

(9)各类建筑、环境工程造价等资料。

(10)所在城市及地区历史文化传统(包括历史演变、神话传说、名胜古迹等),民风民俗(包括文化特色、居民生活习惯、生活方式等),城市格局(选址等),建筑特色(包括街巷、民居、地方特色建筑材料等),地形地貌特色(包括山川、河流、湖泊等),植物种植特色(包括地方植物、特色种植方式、农业、灌溉方式)等资料。

六、城市广场规划设计的成果

1. 规划设计说明书

(1)方案特色(提炼为几句话,用黑体字强调)。

(2)现状条件分析(包括区域位置、用地规模、地形特色、现状建筑构筑物、周边道路交通状况、相邻地段建设内容及规模)。

(3)自然和人文背景分析。

(4)规划原则和总体构思(包括建设目标、指导思想、规划原则、总体构思)。

(5)用地布局(包括不同用地功能区主要建设内容和规模)。

(6)空间组织和景观设计(包括不同功能所要求的不同尺度空间的组织、不同空间的景观设计)。

(7)道路交通规划(包括道路等级、道路编号表、地上机动车流、地上人流、地上人流聚散场地、地上机动车非机动车停车位、地下机动车流、地下商业停车等建筑位置及垂直交通位置、消防车道)。

(8)绿地系统规划(包括不同性质绿地如草地、自然林地、疏林草地、林下广场、人工水体、自然水体、屋顶绿地等的组织)。

(9)种植设计(包括种植意向、苗木选择)。

(10)夜景灯光效果设计(包括设计意向、照明形式)。

(11)主要建筑构筑物设计(包括地上地下建筑功能及平面、立面、剖面说明,主要构筑物如雕塑、通风口、垂直交通出入口等)。

(12)各项专业工程规划及管网综合(包括给水排水、电力电信、热力燃气等)。

(13)竖向规划(包括地形塑造、高差处理、土方平衡)。

(14)主要技术经济指标,一般应包括以下各项内容。

①总用地面积。

②总绿地面积、分项绿地面积(包括自然水体、人工水体、疏林草地、屋顶绿地、绿化停车场绿地)、道路面积、铺装面积。

③总建筑面积、分项建筑面积(包括地下建筑面积、地上建筑面积等)。

④容积率、绿地率、建筑密度。

⑤地上地下机动车停车数、非机动车停车数。

(15)工程量及投资估算。

2. 图纸

方案阶段图纸(彩图)相关内容如下。

(1)规划地段位置图,标明规划地段在城市的位置以及和周围地区的关系。

(2)规划地段现状图,图纸比例为 1/500~1/2000,标明自然地形地貌、道路、绿化、水体、工程管线及各类用地建筑的范围、性质、层数、质量等。

（3）场地适宜性分析图，通过对场地内外自然和人工要素的分析，标明各地块主要特征以及建设适宜性。

（4）广场规划总平面表现图，图纸比例为1/300～1/1000，图上应标明规划建筑、草地、林地、道路、铺装、水体、停车位、重要景观小品、雕塑的位置、范围及相对高度（通过阴影），应标明主要空间、景观、建筑、道路的名称。

（5）广场与场地周边环境联系分析图，从交通、视线、轴线、空间等方面分析广场与周边环境的关系。

（6）景点分布及场地文脉分析图，标明主要景点位置、名称、景观构思以及场景原型。

（7）功能布局与空间特色分析图，标明不同尺度、不同功能、不同性质空间的位置和范围，标出各个景点的位置和规模。

（8）景观感知分析图，表示广场上宏观、中观和微观三个不同尺度上的景观感知范围。

（9）广场场地及小品设施分布图，图纸比例自定，标明广场上硬质铺装、绿地、水体的范围，景观小品（含标志、灯具、座椅、雕塑等）、服务性设施、垂直交通井、公共厕所、地下建筑出入口及通风口位置，地下建筑范围。

（10）广场夜间灯光效果设计图，图纸比例自定，标明广场上各种照明形式的布置情况、灯光色彩、照度等。

（11）道路交通规划图，图纸比例为1/500～1/1000，图上应标明道路的红线位置、横断面、道路交叉点坐标、标高、坡向坡度、长度、停车场用地界线。

（12）交通流线分析图，标明地面地下人流车流、空中人流车流、地上地下机动车非机动车停车位置范围、地下车库人车出入口、地下建筑位置及出入口、各级聚散地范围。

（13）种植设计图，图纸比例为1/300～1/500，标明植物种类、种植数量及规格，附苗木种植表。

（14）绿地系统分析图，标明各类绿地的位置、范围和关系。

（15）竖向规划图，图纸比例为1/500～1/1000，标明不同高度地块的范围、相对标高以及高差处理方式。

（16）广场纵、横断面图，图纸比例为1/300～1/500，应反映出广场的尺度比例、高差变化、地面地下空间利用、周边道路、乔木绿化等，标明重要标高点。

（17）主要街景立面图，图纸比例为1/300～1/500，标明沿街建筑高度、色彩及主要构筑物高度。

（18）广场内主要建筑和构筑物方案图，标明主要建筑地面层平面、地下建筑负一层平面、主要构筑物平面、立体剖面图。

（19）综合管网规划图，图纸比例为1/500～1/1000。

（20）表达设计意图的效果图或图片，一般应包括总体鸟瞰图、夜景效果图、重要景点效果图、特色景点效果图、反映设计意图的局部放大平立剖面图及相关图片、重要建筑和构筑物效果图。

成果递交图样（蓝图）相关内容如下。

（1）规划地段位置图，标明规划地段在城市的位置以及和周围地区的关系。

（2）规划地段现状图，图纸比例为1/500～1/2000，标明自然地形地貌、道路、绿化、水体、工程管线及各类用地建筑的范围、性质、层数、质量等。

（3）广场规划总平面图，图纸比例为1/300～1/1000，图上应标明规划建筑、草地、林地、道路、铺装、水体、停车位、重要景观小品、雕塑的位置、范围，应标明主要空间、景观、建筑、道路的尺寸和名称。

（4）道路交通规划图，图纸比例为1/500～1/1000，图上应标明道路的红线位置、横断面、道路交叉点坐

标、标高、坡向坡度、长度、停车场用地界线。

(5)竖向规划图,图纸比例为 1/500～1/1000,标明不同高度地块的范围、相对标高以及高差处理方式。

(6)种植设计图,图纸比例为 1/300～1/500,标明植物种类、种植数量及规格,附苗木种植表。

(7)综合管网规划图,图纸比例为 1/500～1/1000。

(8)广场小品设施分布图,图纸比例为 1/300～1/1000,标明景观小品(含标志、灯具、座椅、雕塑等)、服务性设施、垂直交通井、公共厕所、通风口名称及位置,地下建筑范围。

(9)广场纵、横断面图,图纸比例为 1/300～1/500,应反映出广场的尺度比例、高差变化、地面地下空间利用、周边道路、乔木绿化等,标明重要标高点。

(10)主要街景立面图,图纸比例为 1/300～1/500,标明沿街建筑高度、色彩及主要构筑物高度。

(11)广场内主要建筑和构筑物方案图,标明主要建筑地面层平面、地下建筑负一层平面、主要构筑物剖面图。

3. 模型

总体模型比例为 1/300～1/600,重要局部模型比例为 1/50～1/300。总体模型应能反映出广场内各个空间的尺度关系,重要高差处理,绿地、水体、硬地等不同性质基面,绿化围合关系,广场与周边道路、建筑环境的关系。局部模型应能反映出质感、动感、空间尺度比例等。

第二节
城市公园设计

城市公园是城市开放空间的重要组成部分,也是城市设计的重要内容。城市公园是城市文明和繁荣的象征,一个功能齐全而独具特色的休闲文化公园可以反映一座城市的文明进步水平和对人的需求的满足程度。达拉斯城市公园如图 5-11 所示。

图 5-11　达拉斯城市公园

城市公园是城市建设和人们生活中一个十分重要的基础设施,很多情况下人们甚至会以一座城市公园数量的多少来作为该城市生态建设和精神文明建设的一个重要指标。

一、现代公园的产生

随着工业化大生产导致的人口剧增和环境恶化,在19世纪末,西方城市已开始通过建造城市公园等城市绿色景观系统来解决城市环境问题。早在奥斯曼进行巴黎改建的时候,在大刀阔斧改建巴黎城区的同时,也开辟了供市民使用的绿色空间;纽约的中央公园(见图5-12)也是在此背景下建造的。通过建造城市公园来构筑城市绿色景观系统最成功的例子是1880年美国设计师奥姆斯特德设计的波士顿公园体系。该公园体系突破了美国城市方格网络格局的限制,以河流、泥滩、荒草地所限定的自然空间为定界依据,利用200～1500 m宽的带状绿化,将数个公园连成一体,在波士顿中心地区形成了优美、环境宜人的公园体系(park system),被人称为波士顿的"蓝宝石项链"。

图5-12　纽约的中央公园

现代公园的发展从某种程度上可以参考美国公园的发展。盖伦·克兰兹(Galen Cranz)认为自19世纪中叶以来,美国公园的发展经历了四个主要阶段:游憩园(the pleasure ground)、改良公园(the reform park)、休闲设施(the recreation facility)、开放空间系统(the space system)。

游憩园流行于1850—1900年间,其发展至少部分起因于对新兴工业城市肮脏而拥挤的环境的应对。这类公园的典型样式是浪漫主义时期英格兰或欧洲贵族的采邑庄园。其特点是将原野或田园风光理想化。游憩园通常设置在郊野,是刻意为周末郊游设计的,以大树、开阔的草地、起伏的台地、蜿蜒的步行路及自然主义风光的水景为特征。人们希望工人在这里通过户外活动保持健康,进而影响贫民。

改良公园出现在1900年左右,是改良主义和社会工作运动的产物。像早期公园一样,其目的是提高劳动者的生活条件。改良公园位于城市内部,是第一批真正意义上的邻里公园。其最主要的受益者是近邻公园的家庭。其重要的特征是儿童游戏场。

休闲设施是1930年左右开始出现在美国的城市和城镇中,并成为公园和社会改良目标之间的纽带。它强调体育场地、体育器械和有组织的活动。随着城市的郊区化和家庭汽车的使用,新型的和更大规模的公园被建立起来,以提供各种各样的球场、游泳池和活动场地。

1965 年以来发展起来的开放空间思想,是将分散的地块如小型公园、游戏场和城市广场等连为一体,构成整个城市的绿地系统。

美国公园的发展史和欧洲田园风格的公园代表了西方公园的发展状况。中国的公园起源于皇家园林、私家花园、寺观园林,真正具有市民意义的城市公园是中华人民共和国成立以后随着城市建设开始的,尤其是最近几年,城市广场、城市公园在城镇兴建。但是,一定要注意和当地的经济发展水平相适应。

二、城市公园的层次

城市公园作为城市开放空间的一部分和居住区游园一起构成了城市绿地系统,起着改善和调节城市小气候的作用。针对城市公园而言,可以分为以下几个层次:综合性公园、儿童公园、动物园、植物园、街头公园。一般来讲,综合性公园面积不宜小于 10 公顷,儿童公园面积宜大于 2 公顷,植物园面积宜大于 40 公顷,专类植物园、盆景园面积宜大于 2 公顷,居住区公园面积宜在 5～10 公顷之间,居住区小游园面积宜大于 0.5 公顷。不同层次的公园用地规模、服务半径、设置内容有很大的差异,但其设计方法和流程基本上是一致的,这里重点针对综合性公园和儿童公园简单介绍需要注意的地方。

1. 综合性公园

1)设计程序

进行综合性公园设计,要对设计对象有一个大致的了解,包括公园用地在城市规划中的位置、性质及与其他用地的关系,公园用地历史、现状及自然资料,公园用地内外的景观情况。根据所掌握的资料进行分析研究,并依据设计任务书,考虑各种影响因素,拟定公园内应设置的项目内容与设施,并确定其规模大小。进行公园规划时确定全园的总体布局。待方案被批准后,进行各项详细设计。这样的一个流程需要多个专业的协同合作,才能顺利地完成设计任务。

2)公园规划设计内容

公园规划设计内容在设计流程的不同阶段,深度、专业分工配合有一定的不同。但是其中以下几点,作为设计人员都要注意。

(1)设计图纸比例:公园总体规划采取 1:1000 或 1:2000 图纸;详细规划采取 1:500 或 1:1000 图纸;植物种植设计采用 1:500 或 1:200 图纸;施工图采用 1:100、1:50 或 1:20 图纸。

(2)面积及服务要求:市级综合性公园至少能容纳全市居民中 10% 的人同时游园。一般综合性公园面积不小于 10 公顷,高峰时容纳量为居民的 10%～20%,游人在公园中的活动人均面积为 10～50 m^2。

(3)根据城市园林绿地系统规划要求,满足功能需要,符合国家政策。

(4)充分了解现状相关情况。

(5)确定公园特色和园林形式。

(6)公园内部及四周环境的分析和设计处理。

(7)确定公园活动内容,需要设置的项目和设施规模、建筑面积和设备要求,使设计和建设、管理相结合,适应当前经济形势。

(8)确定出入口位置,包括主要出入口、次要出入口、专用出入口以及停车场等。

3)现状分析

综合性公园规划设计现状分析包括公园在城市中的位置,附近公共建筑情况,交通状况,游人人流方向,公园的现有道路、广场情况,多年的气候资料,历史沿革和使用情况,规划界线,现有植物状况,园内外地下管线种类、走向和管径等情况。

4）功能分区

（1）安静休息区，主要用于游览、观赏、休闲，要求人的密度低，应有 100 m²/人的绿地。设施一般有山石、水体、名胜古迹、花草树木、盆景、雕塑、建筑小品，可以划船、散步、休息、喝茶等。

（2）文化娱乐区，是较热闹的、人流集中的、具有文化品位的活动区，设施主要有俱乐部、游戏场、舞池、（旱）冰场、画廊、游泳池等。该区人流较大，人均用地大约为 30 m²。

（3）儿童活动区，设置儿童游戏场、戏水池、游乐器械、儿童体育活动设施。人均用地应达到 50 m²。花草树木品种要多样化，不要带刺带毒。此外考虑到儿童需要大人照顾，还要设置一些桌凳、厕所、小卖部。

服务设施项目要齐全，包括指示路牌、垃圾箱、园椅、广播室等，尽量使游人感觉方便。此外，还包括园务管理区，设置办公室、工具间、仓库、修理点等，这些要与游人隔离。

2. 儿童公园

1）儿童公园的类型

（1）综合性儿童公园，一般可以比较全面地满足儿童多样活动的要求，设有各种游乐设施、体育设施、文化设施和服务设施。综合性儿童公园如图 5-13 所示。

图 5-13　综合性儿童公园

（2）特色儿童公园，突出某一活动，系统比较完整。

（3）小型儿童乐园，作用与儿童公园相似，设施简易，数量较少，占地较少，通常设置在综合性公园内。

2）儿童公园的规划

儿童公园的设施：学龄前儿童设施包括小木屋、亭廊、草地、沙坑、假山、梯架、跳台、滑梯、秋千等，学龄儿童设施包括体育设施、大型游乐设施、水上和冰上活动设施、科普馆等，成年人适用设施有休息亭廊、座椅等。

一般来讲，儿童玩具有以下种类：滑的有滑梯、组合滑梯、各种趣味滑梯，转的有风车、木马等，摇的有摇马、海盗船、太空船等。此外，还有钻、爬、荡等很多有趣的玩具。

3)儿童公园功能分区

儿童公园功能分区一般分为幼儿区、学龄儿童区、体育活动区、娱乐区、科普活动区、办公管理区等。

4)设计要点

(1)按照不同年龄儿童使用比例划分用地,并注意日照、通风等条件。

(2)绿化面积宜占 50％左右,绿化覆盖率占全园的 70％以上。

(3)道路网简单明了,路面平整,适于儿童车、推车通过。

(4)注意场地排水,提高儿童户外场地的使用率。

(5)建筑形象生动,色彩鲜明。

此外,绿化配置要注意避免选择有毒、带刺和多病虫害的植物。

除了上面谈到的综合性公园、儿童公园外,城市公园还应该包括城市动物园、植物园等内容。其设计方法大同小异,具体的内容在项目设计时可以参考园林设计方面的资料。

三、城市公园的设计理念

现代公园与早期公园的设计理念不同。早期公园主要是为了满足人们的视觉效果需求,或者是为了满足达官贵族的奢华享乐而建造的,抑或是统治阶级、富有阶层为了显示实力等。公园强调的是美化和造景,常常会有假山石堆叠而成的各式景致、修建得精巧别致的亭台楼阁、修剪得很完美的植物,再加上一池碧水,半遮半隐,借景,对景,曲径通幽,使人在其中的确感到惬意、放松。历史上国内外这样的景园不在少数,有私家的,有皇家的,有寺观的,如拙政园(见图 5-14)、颐和园、承德避暑山庄等。

图 5-14　拙政园

人们对城市公园的使用不同于城市广场。对城市广场的使用可以是有目的或无目的的,或者是多目的的,可能是短时的、随意的;对公园的需求则是有目的的。目标十分清楚:一是表达对大自然的向往,二是与人交往的需求。因此,公园设计的指导思想是采用适当的手法满足人们的使用目标。针对不同层次或级别的公园,还要根据有关的规范,考虑其使用对象和服务范围,并结合场地特点,做出功能较为完善又有地方特色的设计方案。

四、城市公园设计导则

基于以上大致共同的设计理念,在公园设计中要贯穿以下的导则或思路。

1. 表达对大自然的向往方面

(1)创造在美学上富于变化的环境。

(2)在面对赏心悦目的自然风景的绿地里放置长椅。

(3)在公园里保留一块让植物自然生长的区域。

(4)在自然环境中或沿着自然环境设置蜿蜒曲折的道路。

(5)提供一些可以让人坐下来的区域。

(6)单独提供桌子给那些想在此地吃饭、读书或在自然环境中进行户外学习的人。

(7)给那些不需大量修剪的树木适当的空间。

(8)用解说性标牌标明植物的名称、公园设施的特色甚至公园的历史。

2. 与人交往的需求方面

在公园中可以观察到两类公开的社交行为:与他人一起到公园,或到公园希望碰到定期去公园的朋友或其他人。

(1)会面空间的设计易于让人对别人描述形容。

(2)恰当选择座椅的安排方式以满足希望的社交方式。

(3)提供野餐桌。

(4)为那些具有自发组织特征的交往环境提供可以移动的座椅。

(5)提供视觉上有吸引力的穿行路线。

(6)设置区域,允许固定的使用群体将某些地块据为自己的“领地”(功能分区)。

(7)创造一个交通系统,连接但不穿越所有的社交中心。

(8)提供一个相对开放的布局,使人可以很快地将公园扫视一遍。

以上是公园设计的通用导则,具体到不同层次的公园设计,可以采用其中的全部或部分进行,以满足人们对公园的使用要求。

第三节
城市滨水区设计

一、城市滨水区的概念

城市滨水区是城市中陆地与水域相连的一定区域的总称,其一般由水域、水际线、陆地三部分组成。根据毗邻水体的不同可以分为滨海、滨江、滨河、滨湖等区域。城市滨水区既是陆地的边缘,又是水体的边缘,

包括一定的水域空间和与水体相邻近的城市陆地空间,是自然生态系统和人工建设系统相互交融的城市公共开敞空间。

城市滨水区的建设活动大致可以分为开发(development)、保护(conservation)和再开发(redevelopment)三种类型。

从土地使用功能来看,与滨水区相连的城市用地可以是中心商业区(CBD)、一般市区(以居住区为主)、城市边缘区、城市郊区及非城市化的生态保护地区(如沼泽地、农田、森林等)。一般情况下,滨水区的开发多集中在靠近市中心的地带。

二、滨水区历史演变过程

港湾城市滨水区的历史演变过程体现出一定时期的产业动态、管理模式及资源等变量的变化。这些变化与滨水区特定的空间和地点条件结合,形成促进城市发展的资源要素,因而具有影响城市竞争地位的意义。

1. 资源经济时代

在资源经济时代,贸易能力是直接决定城市地位的一个重要因素,而贸易能力在很多方面受到滨水区发展的影响。工业化以前(18世纪中后期以前),经济的发展以资源利用为主,城市竞争力基本上是从对物质资源的经营控制中获得,沿海的港口城市在国内长距离贸易和对外贸易体系中占据了举足轻重的地位,成为贸易体系的核心。11—14世纪西欧工商业城市广泛兴起的一个重要标志就是滨水区的加速发展,而港口则是提高城市竞争地位的重要砝码:谁能够控制资源,谁就可以赢得市场,获得发展。全欧洲性的国际集市与港口就在这一时期形成,这些港湾城市通过滨水区的发展,突破了仅仅作为商人和手工业者社区的局限。当然最初这些滨水区规模较小,往往呈现一种自发的良性发展态势,且形成港口与城市生活混合的空间形态;它同时作为贸易枢纽、军事要塞发挥作用,兼具港口功能和公共空间功能。

城市核心竞争力在此时主要表现为它对物质资源的最强势的经营和控制能力。而那些远离河口、海岸的城市的发展就受到了较多的限制和约束。

2. 工业化时代

工业化时代港口城市的兴起有三个特征。首先,滨水区作为产业空间存在。工业革命开始时,由于蒸汽机的使用及工业用水、排污的需要,工业选址于河滨地区不仅可方便取水,而且可利用便利的水运条件。交通业本身要占据相当大的滨水用地,也导致工业区日益向滨水区聚集。其次,滨水区作为交通空间加速了专业化的港口区发展。为适应现代交通港的发展,港口不再是对货物进行简单的储存、加工或者贸易的地区,而是实现货物快速集散的中转地,这些都加速了专业化的港口区发展。最后,滨水区在城市空间结构中呈现"边缘化"趋势。对工业资本的需求使滨水区生活功能受到排斥,而工业化时代城市结构中新的等级性和核心要素(如区域基础设施、公园系统等)的出现,也使开发活动逐渐偏离滨水区。

这三个特征的形成显然与社会对滨水区的需求有关。尤其是这一时期城市致力于产业资本的发展,这一需求极大地推动了滨水区的发展,也确立了产业资本对滨水空间的控制。在这一时期港湾城市将滨水区产业和运输功能作为参与竞争的重要筹码。客观上,这一时期发展起来的内河运输和铁路运输也都服务于主要大城市的港口区,使得已存在的港口都市及内陆都市快速出现联结,从而使港口区确定其支配的地位(19世纪中期,波士顿由于未能有效地建立港口与区域运输系统的联结,最终被纽约取代了其对于内陆市场的主导地位）。

滨水区成为城市的生产和交通核心,大量的资本要素积聚在滨水地带,带动整个城市进入工业化时代。

3. 后工业时代

工业化时代快速发展的港口城市依托于滨水区,一些超高速增长的产业部门都依托于滨水空间成长。但产业发展的影响也可能使这些地区由盛转衰。20世纪中叶,西方国家产业结构调整,制造业向发展中国家转移,由石油危机引发的资本主义世界经济大衰退,导致城市中的工业地区受到很大冲击,滨水工业地带也大量地空置。此外,随着国际航运船舶的大型化趋势、集装箱业务的发展,以及太平洋沿岸经济的快速发展,运输网络体系、内陆腹地与海外腹地的分布及其他条件一起影响了航线的分布,进而使港口体系发生剧变,很多城市的港口运输业受到冲击,从而走向没落。港湾城市开始关注于寻求新的竞争优势。

20世纪中后期,资本主义的经济生产逐步进入了新的阶段,即所谓的消费社会、后现代社会、后工业时代。后工业时代与工业时代的最大不同,就在于产品的全面过剩,社会发展的第一驱动力由生产转向了消费。滨水区开发逐步进入创造消费空间的阶段,产业结构调整将向着吸引剩余资本(尤其是商业和服务业资本)的重新注入方向进行。其目的一是要保证经济的增长始终由超高速增长的产业部门带动,二是要使衰败地区沉淀的空间资源得到新的利用。滨水区开发理念主要在于城市的建设要适应人和市场的需求,推动人的聚集和有助于企业获利,这种繁荣将创造出活跃的消费需求和对企业发展有利的环境。而且滨水区开发更强调投资类型的兼容性,对地区的、发展的社会属性较为重视,力求使多元化的、可变的空间符合城市建设的需要。

从不同的城市来看,滨水区的重建和发展类型可以是多种多样的。例如:巴尔的摩市因城市开发,创造出节日市场(festival marketplace)这一形式,以特别的消费环境吸引人;利物浦码头区以文化休闲设施的建设为先导,形成了利物浦市的一个文化时尚活动中心;鹿特丹码头区改建则积极顺应当地的文化传统,以中产阶层的生活居住设施建设为核心,形成功能复合的区域;伦敦码头区的改建则以"再建一个CBD、分解中心城CBD的压力"为目标,同时体现出对公共空间的尊重。

因此,滨水区在当代新的发展趋势下应运而生,从多个层面提供了服务功能,不仅创造出更紧凑、更复杂和更多用途的环境,而且还结合自身的资源(历史的、景观的资源,甚至某一种生活情趣)创造出一定的消费理念,而成为更吸引人的地方。这些服务性功能可以依托在该城市某种特定功能上协同发展,相互促进。

三、滨水区发展对提升城市竞争力的贡献

滨水区是城市发展的起点。从城市发展史来看,都市聚落的形成往往与河流、海洋、湖泊有着相当密切的关系,中国古代筑城理论中就有"依山者甚多,亦需有水,可通舟楫,而后可建"之说。在近代,水城在城市发展中得到充分重视,以港口为标志的滨水区在城市中起着核心作用。同时,城市滨水区的水系网络与城市形态发展的轨迹有诸多联系,而这些联系对城市未来的空间形态发展极具参考价值。

城市的滨水区(见图5-15)是城市独特的资源,在一定的时期和条件下,它往往是城市活动空间的核心,也是城市空间结构的重要组成部分。近几十年来,滨水地区的重建和再开发成为许多城市应对城市社会经济结构转型和全球竞争的重要手段。这种手段的运用与各个城市的社会经济条件紧密相关,都是在一定的社会思潮的影响下形成和发展的,这些改造都是为了提升城市的竞争能力。

滨水区在城市中承担着重要的功能。

(1)城市滨水区是构成城市公共开放空间的重要部分。

图 5-15　城市的滨水区

城市滨水区是城市公共开放空间中兼具自然地景和人工景观的区域,尤显其独特和重要之处。规划师常常将这一地段称为蓝道(blueway),它们与绿化带构成的绿道(greenway)一起,形成了开放空间与水道紧密结合的优越环境,成为城市空间环境与景观的点睛之笔。

(2)滨水地带是典型的生态交错带。

河流是最重要的生态廊道之一,城市滨水区的自然因素能够使人与环境间达到和谐、平衡的发展。在经济层面上,城市滨水区往往因其在城市中具有开阔的水面空间成为旅游者和当地居民喜好的休闲区域,因而具有高品质的游憩、旅游资源和潜质。

(3)城市滨水区提高了城市的可居住性。

以水域为中心,往往构成城市中最具活力的开放性社区,形成丰富的城市生活。

(4)城市滨水区对于一个城市的整体感知意义重大。

城市滨水区的公共开放空间,是构成城市骨架的主导要素之一,并增强了城市的可识别性。

四、城市滨水区的开发是世界性的现象

滨水区的重建和开发在过去几十年中,一直是世界各国城市改造的关键项目。

美国有 75 个大城市,其中 69 个处于滨水区域(滨江、滨湖或滨海)。这 69 个城市都有对滨水地带的重建和开发活动。比较成功的实例有:旧金山的渔人码头旅游区改建(1950 年完工)、巴尔的摩的内港区重建项目(1964 年至今)、波士顿的罗尔码头项目(1987 年完工)、芝加哥的海军码头重建(1995 年完工)等。

在欧洲,英国率先对滨水区进行了开发重建,其中伦敦港区开发(1981 年至今)被认为是欧洲最大的城市改建项目。西班牙的巴塞罗那老港区改建(1988 年完工)、德国汉堡的港区改造(1992 年完成)都是非常成功的实例。

随着亚度洲经济的发展,亚洲各国在城市建设上的投资也迅速增加。日本在滨水区开发方面取得的成绩十分突出,仅大阪湾一带就有 107 个滨水开发项目,其中较主要的 65 个项目总投资高达 1200 亿美元。新加坡从 1980 年以来,将历史建筑保护和地方文化传统保护融入滨水区的开发,如 1987 年完成的"船艇码头"商业街项目(1983—1987 年)已成为新型的、富有本土文化特色的商业街。

香港特别行政区结合回归祖国的重要时机,对尖沙咀和中环—湾仔滨海区重新开发建设,其中新建的

香港会展中心已成为香港新面貌的象征。沿海地区拥有大量的滨水城市,近年来随着经济的高速发展,城市建设量大面广,城市空间在经历了急剧的外延式扩展后,内涵式提高的要求也越来越迫切。自 20 世纪 90 年代以来,国内很多城市都注意到滨水区的重要性,并已出现了一批规模较大的滨水区开发项目。如北京、上海、大连、宁波、广州、深圳等处的滨水区开发,都曾举办过大型的国际招标活动,并已开始实施,取得不少宝贵经验。但由于国内滨水区开发与建设还处于起步阶段,不同程度地存在内容上的单一化、形式上的程式化和景观塑造上的重复化等问题,如何规划和设计才能充分发挥滨水区的潜力,是亟须城市政府和规划师研究的课题。

五、城市滨水区开发的动力和契机

(1)滨水区原有工业、港口用地被大量弃置,提供了廉价而区位良好的城市建设用地。

产业结构变化和现代交通运输技术的发展进步,使发达国家很多老的以水运为主的工业区出现衰落,港口也向入海口迁移,使原来占据滨水地带的工业用地和内港交通用地都大量空置,需要寻找新的用途,同时衰落地区的振兴也成为政府改善城市环境的重要工作。利用这些空置用地进行城市开发,不需要动迁居民,从而可以节省大量的财力、时间和精力。正是由于滨水区相对的低地价和优良的区位条件,各国大城市都纷纷将城市环境的重建重点转向滨水区的开发。

(2)生活方式和社会潮流的转变使滨水区成为城市中最具吸引力的区域。

近几十年来全球文化对旅游、休憩和户外活动的提倡,使人们对开敞空间的消费需求上升。人们的这种需求,促使政府和市场建造提供更多的开敞空间,而滨水区濒临水面,视野开阔,是旅游、体育和其他户外活动的理想场所,从而使滨水区的开发备受青睐。滨水而居逐渐成为城市居民,特别是青年中产阶层的风尚追求。在水边居住、休憩和进行体育活动,已成为他们理想的生活方式。此外,经济发展使公共节日在城市生活中的重要性上升,滨水区往往是举办各种节日活动的最佳地点。以上种种生活方式和社会潮流的变化,使滨水区成为城市中最具吸引力的地段。

(3)产业调整和环境空间整治为滨水区开发创造了条件。

数十年前,很多城市的滨水区布满了工厂、仓库、码头,水体受到污染,缺少或根本没有绿化用地空间。近年来,环保意识的提升,工业和码头的迁移,以及政府对环保的重视,为城市环境整治提供了条件,环境治理的成效逐步显现出来,水体变得清洁了,空气变得纯净了,环境质量发生了根本变化。环境方面的改善,使"近水"重新成为一种吸引力,这也在很大程度上推动了滨水区的开发。英国的伯明翰运河,长期以来由于水体污染、气味难闻而成为城市的"包袱",但经过数年的努力,清理水体工作收到成效后,运河沿岸很快成为城市开发的热点。

(4)历史保护思潮的兴起促进了对滨水区历史性建筑的修缮。

从 20 世纪 70 年代起,发达国家对历史保护的热情开始上升。在客观上,这是在经济实力提高后,人们对城市文化所提出的更高要求。此外,人们对流行了几十年的现代建筑单调、简单的方盒子形式也感到不满,开始怀念历史建筑的丰富细节和人情味,从而转向重新修复和利用历史建筑物,并引发了历史旅游和文化旅游的新潮流。这种对历史建筑的兴趣也反映在滨水区。在欧美国家出现了对滨水区旧仓库、旧建筑的修缮热,如巴尔的摩内港区把原来的发电厂改成了科学历史博物馆。在德国杜伊斯堡的内港改造中,也进行了大量的旧建筑再利用,如将原来的仓库改造为很受欢迎的住宅、办公楼及一些艺术家和手工艺者的工作室。

（5）为寻求新的经济增长点,政府对滨水区开发给予引导和鼓励。

在发达国家,开发滨水区貌似纯粹的市场行为,实际上有相当多的政府干预和引导。政府的动机是通过滨水工业、交通用地的功能转换,将更多的城市土地转为第三产业用地,从而寻求新的经济增长点。政府干预的主要途径是制定引导开发滨水区的政策,主要包括:政府投资治理水体,改善滨水区的环境;投资进行基础设施建设;提供税收等方面的优惠,以吸引开发商投资等。

六、城市滨水区开发的特点和趋势

1. 环境保护和可持续发展

从国外滨水区开发的经验来看,要想使滨水区开发成功,治理水体、改善水质、美化环境是基本的保证。同时,在滨水区的开发中,保护水体及周边环境也是必须要重视的问题。要尽量避免因不适当的开发建设而对滨水资源造成破坏,为此要采取各种手段对这些区域的开发利用进行严格监控和引导,保护滨水区的生态环境,使其保持可持续发展。德国杜伊斯堡内港的复兴中,将环境整治和保护视为首要问题,对污染严重的水系进行系统化净化;同时,在内港北面开发的公寓、办公和商业服务建筑,为实现环保效益,设置了光电转换装置,采用日光发电来达到节能、清洁的作用。

2. 用地功能重组

功能调整与定位是滨水区规划建设的首要问题,第二次世界大战后欧美国家从制造业经济向信息和服务业(休闲、娱乐和旅游)经济的转化导致了一系列新功能在滨水区的出现,包括公园、步行道、餐馆、娱乐场所,以及混合功能空间和居住空间。如美国的巴尔的摩内港通常被认为是滨水区复兴中最早也最优秀的例证之一,其再开发的构思是以商业、旅游业为磁心吸引游客和本地顾客,零售业多位于近水处,同时混建了大量的游憩与文化设施,水滨还修建了风景优美的步行道和宽阔的广场。

欧美国家大多采取了以游憩、旅游为导向的开发策略,这些经验可为规划建设提供参考借鉴。从我国城市经济社会发展的实际情况来看,以旅游、休闲、游憩为主导的开发方向也适合中国当前城市建设的需要。

3. 保护历史建筑与传统文化

20世纪70年代以来,城市滨水区的历史保存和旧建筑的适应性再利用在许多国家受到重视。在许多案例中,人们开始以一种新的方式去看待废弃的滨水区建筑物,尽管这些建筑并非都具有积极意义。这种以文化旅游为导向的趋势,使越来越多的城市重新审视历史建筑和景观保护改造的内在经济潜力,并以此提升城市形象,推动旅游业的发展。

例如悉尼邻近港湾的岩石区,以保护历史遗存去努力避免城市更新的大拆大建,结果不仅很好地保护了历史遗存,而且还以其深厚的文化内涵和丰富的物质景观有效地促进了城市旅游业的发展,非常成功。新加坡在"船艇码头"改建中则保留了富有东方特色的旧建筑形式。如今,这条东方式的商业街已成为新加坡最吸引游客的场所之一。

4. 交通组织和步行化设计

加大基础设施,特别是道路交通设施的建设投入,是保证滨水区开发成功的重要举措;但穿越滨水区的交通干道会阻碍其与市区的联系,大大降低了人们步行观光的意愿。目前的发展趋势是尽量减少穿越性的主要交通干道对滨水区的影响,而通常的做法就是采用道路地下化和高架处理方式。同时,创造一种宜人幽雅的滨河步行系统正成为一种时尚和共识。只有吸引更多的步行人流,沿街的商店和广场才能起到带动经济发展、增加人气的作用。

杜伊斯堡内港的复兴,将环境整治和保护视为首要问题,注重水体的净化与环境保护,推广清洁能源的使用。

巴尔的摩通过将原工业、交通用地转换为商业、旅游业用地,兼顾经济效益、社会效益和环境效益,成为滨水区再开发的成功实例。

船艇码头保持了历史建筑的特色,和现代化的高楼形成对比性的统一。

通过限制私人汽车的发展来改善城市空间和增加城市公共生活场所,这一举措也同样应用在滨水区,使沿河地带成为供市民享用的步行公共空间。

5. 精心设计滨水区景观,形成共享性的城市亲水区

城市滨水区临水傍城,有良好的区位优势。滨水区多数是展现当地特色建筑文化和城市景观的窗口,许多城市的滨水景观本身就是城市的标志和旅游形象,在游客心目中直接代表着城市的吸引力,因而城市滨水区的景观在国外城市滨水区开发中备受重视。如旧金山的渔人码头一带,是连续不断的步行绿化带、商业广场、节日广场等公共空间,使滨海地带完全成为 24 小时都有丰富活动的公共空间,创造了对旅客有吸引力、闻名于世的特色旅游景区。

6. 开发与规划管理

开发和规划管理是规划内容得以落实的重要保证,欧美国家在这方面也积累了丰富的经验,主要体现为三个方面。第一,由于滨水区开发涉及城市管理的多个部门,需要建立跨部门的协调机构统筹滨水区的开发。第二,公私协作,以有限的政府投资吸引、带动私人资本的投入。仍以巴尔的摩内港区开发为例,在这个项目中,中央政府和市政府先投入启动资金 5500 万美元(1964 年),买入滨水地区土地,建造基础设施,进行开发前期准备,然后将"熟地"出售给开发商,由私人资本建设,总共吸引私人资本约 4 亿美元。第三,周密论证,确定可行的开发步骤。可以看出,滨水区的开发作为政府牵头的开发项目,不仅要跟着市场走,而且要能引导市场的需求。

第四节
城市步行街设计

一、透视步行街

步行街源于一些西方国家,由于城市化和汽车工业的发展,大批城市居民选择到郊区居住。为了恢复城市的活力和防止城市生态环境进一步恶化,政府规划出一片安逸、繁华的购物娱乐场地,这就是最初的步行街。

步行街是整个经济社会进步的客观结果,是城市化不断推进和城市发展现代化的必然产物,是城市居民生活质量不断提高的要求,是城市环境迅速改善和回归自然的需要,是全球汽车时代对汽车的异化而出

现的一种特殊的现象。城市步行街的出现和发展是城市发展的选择,是为居民提供一个相对安静的适合购物和休闲的环境。

现代商业步行街兴起于20世纪50年代以美国为首的资本主义国家。

第二次世界大战后,以美国为代表的经济发达国家,随着经济的复苏和迅速发展,城市化进程加速,城市建设日新月异。各国各地城市呈现形态的多样化,城市与科技发展相适应,逐步迈向现代化,城市居民的生活水平迅速提高,对生活质量的要求越来越迫切。

与此同时,城市的发展出现新现象和新的问题,主要是城市膨胀,城市交通拥挤,城市环境质量下降。部分城市居民开始迁居郊区,以寻求更高的生活质量。城市中传统的、文化色彩浓重的街巷被宽广的水泥路所代替,汽车成了城市的主宰。在这股潮流的冲击下,为适应居民的需要,一方面经济发达国家兴起了购物中心郊区化的浪潮。在新的城市郊区建设大量的、规模巨大的商场或新的商业模式场所,如仓储式商场,以满足郊区住户或有车族的购物需要。另一方面,极力复兴老城区的繁荣和活力。为了解决商业中心交通拥挤、空气污染、环境恶化等问题,建立在城市中心区,尤其是老城区的商业步行街应运而生,并不断掀起高潮。现在郊区也开始随着居住区一起兴建商业步行街。

柏林在1971年就已经有134条步行街,到1973年增加到220条,到1976年已经有了340条之多。到20世纪90年代,欧洲一些城市到中午进行交通管制,使之成为"徒步城"。法国巴黎的香榭丽舍大道(见图5-16),美国纽约的百老汇大道,日本东京的银座、浅草商业街等都是闻名于世的步行街。德国斯图加特的考尼格夫街,被称为"步行者的天堂"。

图 5-16　法国巴黎的香榭丽舍大道

二、中国的步行街

到了20世纪80年代,我国才开始建设现代商业步行街。在世纪交替之际,我国许多城市纷纷规划和建设步行街,成为城市建设和更新的重要内容和方面。全国从南到北,从东到西,从大城市到小城市,从中央直辖市到县级市都致力于步行街建设。步行街的建设一浪高过一浪,大大小小、长长短短的步行街像雨后春笋般地在沿海之滨、大江南北生长起来。步行街已经成为城市耀眼的风景线。

北京市1999年9月改造的王府井步行街(长810 m),以一种新的姿态展现在世人面前,迎来了国内外的游人。不久,王府井步行街又进行了二期工程,向北延伸340 m,总长度达1150 m,成为当时全国长度第三的步行街(见图 5-17)。

图 5-17　王府井步行街

上海市南京路步行街(见图 5-18)是闻名国内外的商业街,全长 1033 m,是中国最早开业的步行街,也曾风靡一时,同它旧时的南京东路一样,吸引众多的游人和购物者,赢得国内外的不少赞誉。南京路步行街也曾号称是中国最长的商业步行街。

图 5-18　上海市南京路步行街

天津市对靠近海河的百年商业老街和平路进行了改造,使之成为一条长 1240 m 的欧式商业街,且与滨江道步行街相连,形成了 T 形的天津步行街,全长超过 2100 m,以期夺得全国最长步行街之桂冠。

广州市步行街是全国最多的。最早开通的是北京路。广州市将北京路、教育路一带规划为广州北京路商业步行街,于 1997 年 2 月 8 日正式开街。

上下九路商业步行街,长 800 m,号称广东省最长的步行街,两边的 200 多家店铺的建筑风格丰富多彩,分别采用骑楼、山花、女儿墙、罗马柱、满洲窗、砖雕、灰雕等建筑装饰手法,再现了 20 世纪二三十年代盛极一时的"西关风情"。

成都市借鉴德国慕尼黑的"津森十字"步行街模式,以位于市区繁华地段的春熙路为中心逐步改造,将"一"字形的步行街改造成"丰"字形的步行街,最后形成"田"字形的步行街,别具风格。这条迂回曲折的步行街改变了成都市"一层皮"的氛围,使得主街干道上旺盛的商业气氛向四周的胡同蔓延,提升附近小街小巷的商业气氛。

长沙步行街的兴建,结束了湖南省无步行街的历史。这条步行街是由具有上百年历史的黄兴南路改造而成。黄兴南路位于市中心,历来都是当地商家云集地。改造后的黄兴南路步行街全长800多米。

郑州市德化街地理位置优越,商业历史悠久,郑州市政府投资1亿多元进行改造和建设,成为"中原第一街"和郑州的"王府井",长600 m,宽20 m,是连通火车站商圈、敦睦路银基商圈和二七广场商圈的走廊。

此外,昆明、沈阳、南京等大城市以及一些中小城市近几年都在大力规划和建设步行街,如南京市的夫子庙步行街、昆明市东西寺塔文化步行街、宁波市的鼓楼步行街、洛阳市的上海市场步行街、牡丹江市的东一条路步行街、淄博市的周村古商业街。

中国的步行街建设方兴未艾,正在掀起一个又一个的高潮,构成今后城市发展和建设的一个重要内容。

三、步行街的功能

步行街的功能不同于一般的街道,同一般的商业街也有所不同,步行街的功能更丰富、要求更高。

1. 经济功能

从城市发展来说,由于城市的主要功能是经济功能,经济是城市发展的基础,而步行街仍然主要担负发展经济的任务,而且从空间结构来说,主要是商业活动,所以,步行街的主要功能是从事商业活动,强化了商业功能,弱化了交通功能。商业步行街往往带来生意的兴隆和经济的发展,这在我国城市商业步行街的开街中得到证实。所以,许多步行街称为商业步行街。

2. 文化功能

随着社会的发展,经济与文化密不可分,经济中蕴含着丰富的文化,人们游览步行街不仅是为了满足购物的需要或经济上的需要,而且是为了满足文化需要。当然文化是丰富多彩的,商业自身的文化、饮食文化、建筑文化、雕刻文化等,以及步行街的文化设施和文化活动都是一种文化。文化活动越丰富,就越可能有更高的人气,就能促进商业的繁荣。

3. 休闲功能

游览步行街与一般购物不同的是,一般购物其目的性很明确,是任务性的,在许多情况下是个体完成的、一次性的活动;而游览步行街是复合性的,是相互诱发的,既是多目的性,又是无目的性,或者说是购物中寓休闲,或休闲中寓购物,有人以休闲为主,有人以购物为主。同时,步行街的购物或休闲行为往往以家庭为单位,是一种群体消费和活动。

4. 娱乐功能

许多步行街设置现代的娱乐设施,既有适合年轻一代需要的设施,又有适合老年人休息和活动的设施,通过步行街可以进行充分的消费和享受。

5. 保护功能

中国的步行街不同于许多发达国家的步行街,中国许多城市,特别是大城市,都有悠久的发展历史,而大多数步行街是通过对旧的街区进行更新而建设的。实际上,步行街就是对城市历史的保护,包括对具有悠久历史的商店、字号、街区,以及依托于它们的文化遗产的保护。

6. 环保功能

工业化时期,城市建设和商业发展对环境的破坏是有目共睹的。所谓"闹市",就是说,"闹"和"市"总是联系在一起的,无市不闹。正因为如此,一些居民就不愿去商场或超市。步行街的兴起改变了这种状态,步行街两旁繁茂的行道树、街中心的花坛、品种繁多的观赏植物,以及颇具吸引力的街景小品等,不仅为步行街添色,而且创造了一个舒适和优美的生活环境,形成绿色的商业活动环境,闹中取静。

四、步行街的类型

步行街是一个统称,其实存在许多类型。

(1)从形成的基础和建设过程来看,有的是以传统的商业中心和古老街区为基础,通过改造更新而成。我国绝大部分的步行街属于此类。如北京的王府井、上海的南京路、广州的上下九路、哈尔滨的中央大街。或当地政府通过步行街的形式,复兴传统商业活动中心,如北京的琉璃厂、南京的夫子庙等。有的完全是新规划和建设的新区或商业中心,如烟台的美食文化城、重庆的南坪商业中心等。因此,现代步行街是传统与现代的结合、悠久的商业文化与现代的绿色文化的结合,促进现代文化商业朝着有利于社会经济可持续发展的方向迈进。

(2)从形态上分,有的是完全敞开的,有的是完全封闭的或室内的,有的是半封闭、半敞开的。现有绝大多数的步行街是完全敞开式的,如北京的王府井、天津的金街。典型的是福州的中亭街步行街,街道两边的拱廊将一家家店门连接在一起,绵延成百上千米。敞开或封闭与当地的气候条件和购物习惯有关。步行街的空间形式和类型丰富多彩。

(3)从功能上分,有的以购物为主,步行街商店林立,字号众多,商品齐全,商业设施完善,购物环境良好,购物十分方便。一般人流如织,灯火辉煌,汇聚人气,是城市中最繁荣的街区,往往地价昂贵,寸土寸金,称商业步行街。同时,辅之以一定的文化娱乐设施和服务设施,在购物之余,满足人们文化娱乐和休闲的需要。有的以休闲娱乐为主,称休闲型步行街,主要是满足居民休闲和文化的需要,同时可以购买到所需要的商品或得到一定的服务。当然,功能类型不同的步行街的游览主体会有所区别,如北京的王府井和琉璃厂的游客就会有所不同。

总的来看,目前主要发展的是商业步行街,因为商业和交换仍然是目前城市发展的主要功能,商业可以带动整个城市经济的发展,创造更多的就业岗位,促进城市经济的繁荣。但是,随着城市经济的发展,居民收入的增加,生活内容的丰富,生活质量的提高,购物不仅是一种商业行为,而且是一种文化享受,是接触社会、陶冶精神、展示风貌的活动。在满足购物的同时,必须考虑满足其他多方面的需要。所以,建设商业步行街时需要考虑其他功能,集购物、美食、休闲、娱乐、游览、文化为一体,商业步行街同时是商业风景街、文化街、休闲街。

(4)从建筑上分,有的以中式、传统建筑为主,甚至以原有的建筑为基础,建设成清风一条街、唐风一条街,古色古香,显示其特色和风格。有的以现代、西洋建筑为主。

通常认为,步行街不在于类型或样式,重要的是个性和特色。虽然步行街的基本功能是一致的,但是由于不同地区和城市的地理位置、民族特点、历史传统、气候条件等不同,步行街应该是丰富多彩、五花八门、各具特色的,特别是空间布局和建筑设计。布局和建筑最能体现特色。

无论是整体布局,建筑物的组合、搭配,还是建筑物的外墙立面、街道的亮化工程、每个商业门脸、街区广告招牌、街道雕塑小品等,不仅应该是各式各样的,而且应是相互和谐的。但是我们所看到的许多步行街,却大同小异,平平淡淡,给人以千街一面之感,甚至产生负面效应,显示不出特色和风格。这样,见了一条步行街就不想再看第二条步行街了,影响步行街的吸引力,从而影响步行街的效益。既然步行街是城市

的名片,名片当然是各不相同的。

同时,步行街的特色也来自于步行街中的商店及服务的特色。要强调个性化的发展,提升商业街的人气,提高城市的文化品位,树立城市的文明形象,特别是人的形象。步行街一定要有特色,没有特色,很难独树一帜。

五、城市步行街的问题

发展和建设城市步行街是 21 世纪中国城市发展和建设的重要内容和项目,但是这并不等于步行街发展得越多越好,越快越好,或越大越好。

对一条步行街来说,长度和面积固然重要,但更重要的是效益,特别是经济效益。步行街不是为了耀眼,更不是为了给人看的,而是为了取得实实在在的效益,求得经济效益、环境效益和社会效益的统一。只有使商家能获得较高的经济效益,才能吸引商家进驻步行街,从而使步行街兴旺发达。步行街再长,不能吸引商家和顾客也是枉然。步行街的知名度也不在于长度和面积,而在于其特色和作用。

这里需要强调三个最重要的问题:一是步行街的规模问题;二是步行街的结构问题;三是步行街的管理体制问题。

1. 关于步行街的规模

建步行街,不存在城市等级、类型和规模的限制,更不存在"专利"。大城市、特大城市可以建,中小城市也可以建,县城也可以建。建不建,建多大规模、多长,不可能统一规定,完全根据需要和功能而定。必须坚持实事求是,从城市的经济实力和财力出发,要量力而行,面向城市居民。不是为了造势,更不能下达命令。要防止一哄而起,需要逐步建设和发展。

至于规模,大有大的好处,小有小的用途,但必须适度。过长过宽的步行街都不能产生最佳的效益,甚至会产生负面影响。过长,容易导致游客疲劳;过短、过窄容易产生拥挤。同时,步行街的长短、规模都因城市、功能、结构而别,不可能有统一的标准和规定。但无论如何不能因为创"第一"或"之最"而人为地、无限制地延长长度和扩大规模。步行街绝不是越大越好,越长越好。有的专家经过研究提出,一般而言,完全封闭式的室内步行街应当比半封闭的短,半封闭的应当比完全敞开式的短。具体数据是,完全封闭的商业步行街比较合适的长度为 750 m 左右,以游客步行 10 min 为宜;完全敞开式的商业步行街比较合适的长度为 1500 m 左右,以游客步行 20 min 为宜。宽度要充分考虑两侧建筑的高度,一般与建筑物的高度一样,窄不能小于建筑物高度的二分之一,宽也不宜超过建筑物的两倍。因此,步行街两侧不适宜建高层的建筑物。有统计数据表明,美国商业步行街的长度多在 700 m 以内,日本步行街的长度也多在 600 m 以内,法国、德国等欧洲国家的商业步行街的长度多在 900 m 以内,宽度多在 10 m 以内。

2. 关于步行街的结构

步行街是经济、社会、文化的集合体,既存在盘根错节的外部关系,又存在错综复杂的内部关系,步行街的建设和发展,必须了解和分析这种复杂的内外部的关系,并且根据城市的特点和具体情况,做出正确的安排和处理。

城市步行街虽然很重要,发挥着特殊的作用,但是步行街只是城市街区和商业中心的一个组成部分,它不能代替其他街区和其他商业区,更不能覆盖整个城市,所以,步行街要与其他街区和商业区协调发展。任何步行街,都是处在特殊的经济、社会和生态环境之中,必须协调发展,处理好与环境的关系。重视环境建设,从市政道路、商业门脸、市容环境、园林绿化、道路交通、街景亮化等方面进行整体设计,精雕细刻,使步行街成为流光溢彩的美景,显现现代绿色商业文化和城市文明。

内部结构的协调更是重要。步行街是集多功能于一体的综合性区域,因此各个领域、各个方面都需要协调和谐,照顾到各个方面的需要和利益。但是一些步行街,存在顾头不顾尾的情况。突出一方面,而忽略了另一方面。或者没有停车场,进出交通很不方便;或者没有或只有很少的公厕,让人很不方便;空间安排不当,没有让人休息的地方;或只植草坪,而树木过少,夏天过于暴晒;或只注意休闲和娱乐,不方便购物,使商家生意不好;或只注意主体工程,而基础设施建设不配套,给步行街的商家和游客带来不便等。这些都是在步行街的规划和设计时缺乏全面的考虑和安排的结果。

3. 关于管理体制问题

步行街是城市中的一个具体街区,对步行街的管理,一般都是属于城市中的区一级管理,但是它的功能和活动却波及全市,甚至更大范围。所以,步行街由谁来管理和投资,各个城市做法不同,特别是城市步行街的规划。有的城市在邻近的区内同时设计几条步行街,造成相互竞争的态势,影响步行街的效果,也不能集中财力和物力建好一条或两条步行街,甚至造成不必要的浪费。所以管理体制是一个重要的问题。

步行街在大城市出现,以其功能齐全、环境优美、生活方便,并同时满足人们购物、休闲、餐饮、娱乐、旅游观光等多种需要,而成为大都市的商业窗口。但是,在一些中小城市所建设的步行街,却具有很强的跟风性质,人们把它作为一种时尚、一种政绩来追求,有街无市,缺少人气,成为一个比较严重的问题。步行街的建设同前些年流行的主题公园建设一样,由于盲目跟风,目前已经出现了很多亟待解决的投资问题。所以,一方面要大力支持和促进城市步行街的发展;另一方面要迅速加强对步行街的研究和交流,以正确引导城市步行街的健康发展。步行街建设一定要理性、实际,切不能成为政绩的"快速表达"。

六、步行街的设计原则

简·格黑在《建筑之间的城市生活》一书中把城市生活分为三类:①必要生活——基本的,带有强迫性的日常生活,如购物、上下班;②选择活动——户外条件允许时人们乐于进行的活动,如散步、观光、户外休息锻炼;③社交活动——公共场所的交往活动,如谈天、打招呼等。后两类活动是高质量的城市生活所追求的,它们受环境质量的影响尤为明显。

1. 良好的交通体系

步行街的成功与否,交通问题是关键。设计中应考虑步行街所在的地段、全城的交通情况、停车的难易(我国特别要考虑自行车的停放问题)、路面的宽窄、投资渠道和居民意向等因素。有资料表明,我国城市自行车出行率达 $60\%\sim70\%$,故在规划中须特别考虑停车场的设置,可将城市临街的一些建筑前空地和局部地下层设为停车场地,以解决自行车停车用地紧张的问题。另外,还应考虑自行车与公交换乘的停车场,在这种规划下,远期可考虑设置小车与中巴车专用道,使公交与自行车的联系更密切。在步行街旁增加城市支路,引导非浏览、非购物人流通过,也作为步行街的疏散道路和消防通道。即人车分流,以汽车道(仅考虑公交线路、专用车辆、必需的货运等)为联系路线,与城市道路网相连;以自行车步行道为内核,独立形成网络状。加上必要的环境设计,可形成环境质量高,集购物、娱乐、文化、饮食于一体的城市新型商业步行街区。

2. 完整的空间环境意象

美国著名城市设计理论家凯文·林奇在《城市意象》一书中提出了构成城市意象的五个要素:道路、边

界、区域、节点和标志。实际上就是人们认识与把握城市环境秩序的空间图式。凯文·林奇把道路放在各要素之首进行描述。从城市设计角度看,街道的意象是建筑和街区空间环境的综合反映,有特色的街道空间环境自然可反映街道特色,高质量的街道空间环境比建筑更宜体现街道特色,街道的意象特色依赖于空间环境特色。

1)道路

作为城市商业环境中的道路,其作用体现为渠道(人、车的交通、疏散渠道)、纽带(连接商店、组成街道)、舞台(人们在道路空间中展示生活、进行各种活动)。步行街规划中两边建筑物与道路的高宽比以 1∶1 为主,穿插一部分高宽比为 1∶2 的建筑。这样的空间尺度关系既不失亲切感,又不显得过于狭窄,从视觉分析上是欣赏建筑立面的最佳视角,容易形成独特的热闹气氛。

2)区域

作为城市中心区,由于城市商业活动本身的集聚效应,公共建筑布局相对较为集中,由于人们生理与心理因素的影响,步行街长度取 600～800 m 为宜(即城市主干道的间距),加上购物的选择性与连续性、销售的集合性和互补性,最终形成集中成片的网络化区域系统。

3)中心

中心即一定区域中有特点的空间形式,结合步行街的特点,规划一至两个广场作为步行街的中心、高潮,为其带来特色与活动。

4)标志

入口对于商业步行街很重要。入口在规划中应充分考虑。在连接城市主干道的地方设置牌坊等作为步行街的入口,大量的人流由此进出,不允许机动车辆进入,入口处设灵活性路障或踏步,并设管理标志符号。由于入口起着组织空间、引导空间的作用,街道形成了第二个没有屋顶的内部空间,既起框景作用,又是街道空间中的重要景观。它是整个街道空间序列的开端,既可适合市民的心理需求,给人们以明显的标志,又可突出城市的历史文化风貌。

3. 丰富的空间形式

城市是人类文化的长期积淀,并以一定的物质空间形式表达其文化特征。现代城市追求适居性的空间环境,追求界定鲜明、比例适宜的积极空间。它能有效地渲染出不同的环境气氛和空间特色,它是一种内在的构成要素,其表现力和感染力是丰富、深刻的。如美国的明尼阿波利斯市的尼克雷特步行街以匠心独具的空间特色使美国第一个步行街建设获得了成功。设计者在步行街中,以集中人行活动区为指导思想,把街道做成弯弯曲曲的蛇形道,加上统一设计的街道家具,创造了具有强烈动感和节奏感的街道空间,成了美国步行街竞相仿效的佳作。

步行街区建筑内外的界线可以是虚的、可穿透的和不定的,并有一种向内吸引的感觉,这也体现了我国传统空间特征中"虚"的意境,并不像"图""底"空间理论引证的意大利传统街道。

步行街区的布局形态可以是丰富多变的:线状沿街道布局——店铺沿街道两侧呈线状布置,鳞次栉比,店面凹凸,街道空间呈现一定的不规则状,如北京琉璃厂、天津古文化街;线面组合布置——大都由明显的商业步行街与路段上某些商业地块联系起来,形成组合布局,如合肥城隍庙步行商业街;面状成片布局——商业街区在城市主干道一侧集中布置,形成网状形态,如上海城隍庙、南京夫子庙等。根据我国的功能和环境要求,步行街可分为多种形式:封闭式、半封闭式和步道拓宽式等。

随着历史的发展,步行街的空间形式发生了很大变化,正向多功能、多元素的公共建筑综合化发展。但在顺应社会潮流而使步行街朝现代化发展的同时,也应保留自身应有的传统空间与风貌,可规划设计适合当地文化脉络特色的骑楼、过街楼、庭院式商店布局、室内步行街等,以建构一种综合性强的步行购物系统,使城市空间具有历史的延续性,以提高其价值观念和深层意义。

4. 独特的景观构成

步行街具有独特的构成因素,这些因素也是满足现代城市生活的需要,构成城市环境风貌的组成部分。步行街由两旁建筑立面和地面组合而成,故其要素有地面铺装、标志性景观(如雕塑、喷泉)、建筑立面、展示柜台、招牌广告、游乐设施(空间足够时设置)、街道小品、街道照明、邮筒、休息椅、绿化植物配置和特殊的(如街头献艺等)活动空间。其设计繁杂程度绝不亚于设施建筑,不过最关键的还是城市环境的整体连续性、人性化、类型的选择和细化。

Jingguan Sheji Jichu

第六章
城市绿地景观规划

　　城市绿地景观规划是城市规划的一个主要组成部分,无论是城市总体规划、详细规划、修建设计,还是庭院设计,都包括绿地设计内容。城市绿地系统包括点状的庭院绿地,线状的防护林、街道绿地,面状的公园、广场绿地,以及居住区中的各种绿地。以上各种绿地组成了整座城市的绿地景观系统。城市绿地景观(见图 6-1)不仅改善了城市小气候,给居民创造了适宜的生活空间,而且丰富了城市景观的层次。

图 6-1　城市绿地景观

第一节
城市绿地景观规划的任务

　　城市绿地系统规划的任务是在深入调查研究的基础上,根据城市性质、发展目标、用地布局等,科学确定各类城市绿地的发展指标,合理安排城市各类园林绿地建设和市域大环境绿化的空间布局,达到保护和改善城市生态环境、优化城市人居环境、促进城市可持续发展的目的。

　　城市绿地贯穿于城市各类用地之中,并且性质也各不相同,因此,其规划工作也分为不同的层次和类型。仅从城市绿地规划的工作内容看,城市总体规划层次主要分为城市绿地系统规划和大型风景区规划,详细规划和单项规划层次有公共绿地(见图 6-2)、居住绿地、附属绿地、生产防护绿地和道路交通绿地。无论是哪个层次和类型的绿地规划,其核心的任务主要有以下两个方面。

一、区位、性质和规模的确定

　　根据城市形态和功能要求,选择和确定各类绿地的位置、使用性质、功能和用地大小。从宏观上看,城市各类绿地的定位、定性、定量,也就是城市绿地系统规划的主要任务与内容。在详细规划中存在着如居住区公园、防护绿地等定位、定量的工作内容。定位是确定绿地在城市结构中的空间位置。它影响和关系城市整个开放空间的形态,涉及绿地辐射和吸引的服务半径等,其确定因素主要有城市自然条件,包括地形、水体、城市的形态和城市的性质及各项用地的布局关系等。定性即确定绿地的使用功能或环境功能,这取

图 6-2　公共绿地

决于其所在的位置及周边用地的性质和条件。定量是确定绿地的规模,其直接与位置和性质相关,但更重要的是取决于一座城市的绿地总体水平和城市规划的总体要求。绿地的定位、定性、定量主要是在满足城市总体功能需要的基础上进行的工作。

二、绿地内各种要素的组织与设计

绿地内各种要素的组织与设计即绿地的规划设计,主要内容是在用地性质要求下,详细考虑具体的空间要求、使用要求等,确定其内部的功能组织,并且运用园林各种构成要素按一定比例、一定的形式进行统筹安排,形成园林绿地的物质空间环境。其中,植物、山石、水体、道路、建筑与场地等园林构成要素的使用应当满足城市总体规划对绿地的要求及绿地本身功能的要求,也就是在宏观上满足城市环境的要求,微观上满足绿地使用者的要求。

第二节
城市绿地的功能、分类与规划成果

一、城市绿地的概念

城市绿地(见图 6-3)的概念有广义和狭义之分。狭义的城市绿地是指城市中人工种植花草树木形成的绿色空间。广义的城市绿地是在城市规划区内被人工植被覆盖的土地、空旷地、水体和天然植被覆盖的山地、丘陵、水体、旷野等空旷地的总称。

我国的城市绿地指城市中以绿地为主的各级公园、庭园、小游园、街头绿地、道路绿化、居住区绿地、专用绿地、交通绿地、风景绿地(见图 6-4)、生产防护绿地。

图 6-3　城市绿地一

图 6-4　风景绿地

二、城市绿地的功能

城市绿地(见图 6-5)作为城市景观的一个元素,是城市中接近自然的生态系统,它对保障一个可持续的城市环境,维护居民的身心健康有着至关重要的作用。城市绿地系统具有以下方面的功能:调节光照、调节温度和湿度、净化空气、减弱噪声和放射性污染、保持水分等生态环境功能,以及美化功能和游憩功能。此外,城市绿地还有吸附尘土、防风沙、涵养水源、促进城市中的水土气循环、增加降雨、遮阳、缓解城市热岛效应的作用。

图 6-5　城市绿地二

三、城市绿地的分类

城市绿地包括公共绿地、居住绿地(见图 6-6)、交通绿地、附属绿地、生产防护绿地及风景区绿地,这六大类绿地和城市水面、道路广场、其他性质用地中的绿地一起构成了城市的绿地系统。

以上绿地规模各自不同,服务对象和范围也各有差异,因此,在规划手法和布置内容上要依据具体的情况安排设计。城市绿地系统规划所做的工作要粗略一些,具体的分类设计如道路广场设计、公园设计、居住区设计的层次就要更深一些。城市绿地系统规划要做到宏观安排、控制规模。

图 6-6　居住绿地

四、城市绿地的衡量指标

判断一座城市绿化水平的高低,首先要看该城市拥有绿地的数量,其次要看该城市绿地的质量,最后要看该城市的绿化效果,即自然环境与人工环境的协调程度。

我国目前所采用的城市绿地数量的衡量指标主要有两个:一是绿化覆盖率,二是人均园林绿地面积。

绿化覆盖率是指城市中乔木、灌木和多年生草本植物所覆盖的面积占全市总面积的百分比,其中乔木和灌木的覆盖面积按树冠的垂直投影估算。乔木下生长的灌木和草本植物不再重复计算。利用遥感等现代科学技术,可以准确地测出一座城市的绿地面积,从而计算出绿化覆盖率。

按照植物学原理,一座城市的绿化覆盖率只有在30%以上,才能满足自身的调节需要。依此计算每座城市的居民平均需要 $10\sim15$ m² 的绿地;而工业运输耗氧量大约是城市居民人体耗氧量的3倍,整座城市要保持二氧化碳与氧气的平衡必须保证人均有 60 m² 的绿地。

五、规划成果

城市绿地系统规划完成以后要形成一定的成果,包括规划文本、规划说明书、规划图则和规划基础资料四个部分。其中,依法批准的规划文本与规划图则具有同等法律效力。文件是城市绿地系统规划内容的一个方面的体现。

1. 规划文本

规划文本示例如下。

一、总则

包括规划范围、规划依据、规划指导思想与原则、规划期限与规模等。

二、规划目标与指标

三、市域绿地系统规划

四、城市绿地系统规划结构、布局与分区

五、城市绿地分类规划

各类绿地的规划原则、规划要点和规划指标。

六、树种规划

规划绿化植物数量与技术经济指标。

七、生物多样性保护与建设规划

包括规划目标与指标、保护措施与对策。

八、古树名木保护

古树名木的数量、树种和生长状况。

九、分期建设规划

分近、中、远三期规划,重点阐明近期建设项目、投资与效益估算。

十、规划实施措施

包括法规性、行政性、技术性、经济性和政策性等措施。

十一、附录

2. 规划说明书

规划说明书示例如下。

第一章　概况及现状分析

(1)概况包括自然条件、社会条件、环境状况和城市基本概况等。

(2)绿地现状与分析包括各类绿地现状统计分析,城市绿地发展优势与动力,存在的主要问题与制约因素等。

第二章　规划总则

(1)规划编制的意义。

(2)规划的依据、期限、范围与规模。

(3)规划的指导思想与原则。

第三章　规划目标与指标

(1)规划目标。

(2)规划指标。

第四章　市域绿地系统规划

阐明市域绿地系统规划结构与布局和分类发展规划,构筑以中心城区为核心,覆盖整个市域,城乡一体化的绿地系统。

第五章　城市绿地系统规划结构、布局与分区

(1)规划结构。

(2)规划布局。

(3)规划分区。

第六章　城市绿地分类规划

(1)城市绿地分类(按国标《城市绿地分类标准》CJJ/T 85—2017执行)。

(2)公园绿地(G1)规划。

(3)防护绿地(G2)规划。

(4)广场用地(G3)规划。

(5)附属绿地(XG)规划。

(6)区域绿地(EG)规划。

分述各类绿地的规划原则、规划内容(要点)和规划指标,并确定相应的基调树种、骨干树种和一般树种的种类。

第七章　树种规划

(1)树种规划的基本原则。

(2)确定城市所处的植物地理位置,包括植被气候区域与地带、地带性植被类型、建群种、地带性土壤与非地带性土壤类型。

　　(3)技术经济指标。确定裸子植物与被子植物比例、常绿树种与落叶树种比例、乔木与灌木比例、木本植物与草本植物比例、乡土树种与外来树种比例(并进行生态安全性分析)、速生与中生和慢生树种比例,确定绿地植物名录(科、属、种及种以下单位)。

　　(4)基调树种、骨干树种和一般树种的选定。

　　(5)市花、市树的选择与建议。

　　第八章　生物(重点是植物)多样性保护与建设规划

　　(1)总体现状分析。

　　(2)生物多样性的保护与建设的目标和指标。

　　(3)生物多样性保护的层次与规划(含物种、基因、生态系统、景观多样性规划)。

　　(4)生物多样性保护的措施与生态管理对策。

　　(5)珍稀濒危植物的保护与对策。

　　第九章　古树名木保护

　　略。

　　第十章　分期建设规划

　　城市绿地系统规划分期建设可分为近、中、远三期。在安排各期规划目标和重点项目时,应依城市绿地自身发展规律与特点而定。近期规划应提出规划目标与重点,具体建设项目、规模和投资估算;中、远期建设规划的主要内容应包括建设项目、规划和投资匡算等。

　　第十一章　实施措施

　　实施措施分别按法规性、行政性、技术性、经济性和政策性等措施进行论述。

　　第十二章　附录、附件

　　略。

3. 规划图则

规划图则示例如下。

　　(1)城市区位关系图。

　　(2)现状图,包括城市综合现状、建成区现状图和各类绿地现状图以及古树名木和文物古迹分布图等。

　　(3)城市绿地现状分析图。

　　(4)规划总图。

　　(5)市域大环境绿化规划图。

　　(6)绿地分类规划图,包括公园绿地、防护绿地、广场用地、附属绿地和区域绿地规划图等。

　　(7)近期绿地建设规划图。

　　图纸比例与城市总体规划图基本一致,一般采用1∶5000～1∶25 000。城市区位关系图宜缩小(1∶10 000～1∶50 000)。绿地分类规划图可放大(1∶2000～1∶10 000)。标明风玫瑰。

　　绿地分类现状和规划图可适当合并表达。

4. 基础资料

基础资料汇编示例如下。

　　第一章　城市概况

　　第一节　自然条件

　　地理位置、地质地貌、气候、土壤、水文、植被与主要动植物状况。

　　第二节　经济及社会条件

　　经济社会发展水平、城市发展目标、人口状况、各类用地状况。

第三节　环境保护资料

城市主要污染源、重污染分布区、污染治理情况与其他环保资料。

第四节　城市历史与文化资料

略。

第二章　城市绿化现状

第一节　绿地及相关用地资料

(1)现有各类绿地的位置、面积及其景观结构。

(2)各类人文景观的位置、面积及可利用程度。

(3)主要水系的位置、面积、流量、深度、水质及利用程度。

第二节　技术经济指标

(1)绿化指标。

①人均公园绿地面积;②建成区绿化覆盖率;③建成区绿地率;④人均绿地面积;⑤公园绿地的服务半径;⑥公园绿地、风景林地日常和节假日的客流量。

(2)生产绿地的面积及苗木总量、种类、规格、苗木自给率。

(3)古树名木的数量、位置、名称、树龄、生长情况等。

第三节　园林植物、动物资料

(1)现有园林植物名录、动物名录。

(2)主要植物常见病虫害情况。

第三章　管理资料

第一节　管理机构

(1)机构名称、性质、归口。

(2)编制设置。

(3)规章制度建设。

第二节　人员状况

(1)职工总人数(万人职工比)。

(2)专业人员配备、工人技术等级情况。

第三节　园林科研

略。

第四节　资金与设备

略。

第五节　城市绿地养护与管理情况

略。

Jingguan Sheji Jichu

第七章
景观设计案例欣赏

一、李劼人故居小游园规划设计

李劼人故居小游园规划设计如图 7-1 所示。

图 7-1 李劼人故居小游园规划设计

梦回故人乡
情系劫人居

李劫人故居小游园规划设计

鸟瞰图　　　　　　　　　　　　　　　　立面图

休闲中心效果图　　　　密林景观效果图

叠水景观效果图　　　　中心水域效果图

田园景观效果图　　　　坡地效果图

02

续图 7-1

梦回故人乡
情系劫人居　　李劫人故居小游园规划设计

D　局部景观分析

一　叠水景观区

01　叠水区

二　中心水景区

02　中心水景区域

三　密林景观区

03　密林景观区

四　入口处景观区

04　入口区域

五　田园景观区

05　田园景观区

六　观景平台区

06　观景平台区

03

续图 7-1

梦回故人乡 情系劫人居

李劼人故居小游园规划设计

E 植物配置分析

植物配置表

序号	图例	植物名称	植物规格	密度	数量	备注
01		黄桷树	⌀30cm, H8-9m, L4-5m		5株	
02		银杏	⌀20cm, H7-8m, L3-4m		4株	
03		木芙蓉	⌀5-6cm, H3-4m, L2.5-3m		20株	
04		樱花	⌀4-5cm, H3-4m, L2-2.5m		18株	
05		紫薇	⌀3-4cm, H2-3m, L1.5-2m		8株	
06		香樟	⌀8-10cm, H5-6m, L3-4m		32株	
07		白玉兰	⌀10-12cm, H5-6m, L2.5-3m		16株	
08		梅花	⌀3-4cm, H2-3m, L1-2m		13株	
09		红枫	⌀3-4cm, H2-3m, L1-2m		16株	
10		罗汉松	⌀8-10cm, H2-2.5m, L1-1.5m		7株	自然型
11		水杉	⌀15-16cm, H6-8m, L2-3m		10株	
12		海枣	⌀18-20cm, H2-3m, L1-1.5m		4株	
13		桂花	⌀10-12cm, H4-5m, L3-3.5m		31株	
14		金叶含笑	⌀8-10cm, H4-5m, L3-3.5m		54株	
15		红叶李	⌀6-7cm, H2-3m, L1.5-2m		16株	
16		柳树	⌀16cm, H5-6m, L3-4m		29株	
17		桃树	⌀15cm, H1.5-2m, L1.5-2m		17株	
18		枇杷	⌀12cm, H2.5-3m, L1.5-2m		14株	
19		梨树	⌀10cm, H3-4m, L2-3m		15株	
20		石榴	⌀13cm, H2-3m, L1.5-2m		15株	
21		茶花	H1-1.5m, L0.5-1m		78株	
22		苏铁	D20cm, H0.3-5m, L1-1.5m		11株	
23		海桐球	H1-1.2m, L0.8-1m		47株	
24		蜡梅	H1.5-2m, L1-1.5m		31株	
25		石楠球	H1-1.5m, L0.5-1m		59株	
26		金竹	⌀2-3cm, H1.8-2m, L0.5m		72株	
27		紫竹	⌀2-3cm, H1.8-2m, L0.5m		66株	
28		红继木球	H1-1.2m, L0.8-1m		14株	
29		琴丝竹	H1.5-1.8m, L0.5-1m	3株/丛	29丛	
30		芭蕉	H1.5-2m		27株	
31		栀子	H0.6-1m, L0.4-0.5m	3株/m2	170m2	
32		南天竹	H0.6-1m, L0.4-0.5m		115株	
33		棕竹	H0.6-1m, L0.4-0.5m		140株	
34		贴梗海棠	D3cm, H1.2-2m		35株	
35		迎春	H0.8-1.2m	4株/m2	29m2	
36		木槿	H0.6-1m, L0.4-0.5m	3株/m2	15m2	
37		杜鹃	H0.5-6m, L0.3-0.4m	3株/m2	16m2	
38		十大功劳	H0.5-6m, L0.3-0.4m	3株/m2	47m2	
39		石楠	H0.5-6m, L0.3-0.4m	3株/m2	61m2	
40		草坪	白三叶		2777m2	

注：⌀为胸径，D为地径，H为高度，L为冠幅

植物配置图

04

续图 7-1

二、重庆北部新区滨江广场设计方案

重庆北部新区滨江广场设计方案如图 7-2 所示。

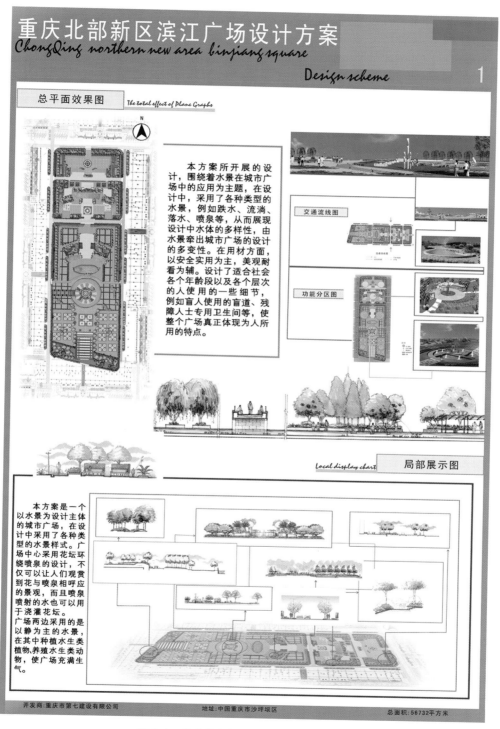

图 7-2　重庆北部新区滨江广场设计方案

重庆北部新区滨江广场设计方案
ChongQing northern new area binjiang square
Design scheme

2

小景效果图　Scene effect chart

依水景观以独特的观赏特性和美学表达方式，在城市广场水景规划设计中占据了重要的地位。它表现形式多样，易与周围景物协调统一，同时它灵活，巧于变化，能够丰富水景的设计。依水景观能否充分表达设计者的意图，如何在统一中求变化以及丰富空间表达效果等问题，都需要设计者全面地思考与探讨。这也是由依水景观自身特点所决定的。所以说，依水景观与水景设计之间的关系，是值得耗费精力、气力去追求、探讨的。

水是所有景观设计元素中最具吸引力的一种。它极具可塑性，并有可静止、可活动、可发出声音，可以映射周围景物等特性，所以可单独作为景观的主体，也可以与建筑物、雕塑、植物或其他景观组合，创造出独具风格的作品。因此水景在公共艺术中，应该占有一席之地。广场的嬉水池，不仅使人们在炎炎夏日中感受到一丝清凉，而且能增进人与人的感情；广场中，还设计了水幕墙，当水从高处落下时所产生的水声、水流溅起的水花给人以听觉和视觉的享受。

Bird's-eye view　鸟瞰效果图

开发商:重庆市第七建设有限公司　　　地址:中国重庆市沙坪坝区　　　总面积:56732平方米

续图 7-2

重庆北部新区滨江广场设计方案
ChongQing northern new area binjiang square
Design scheme

3

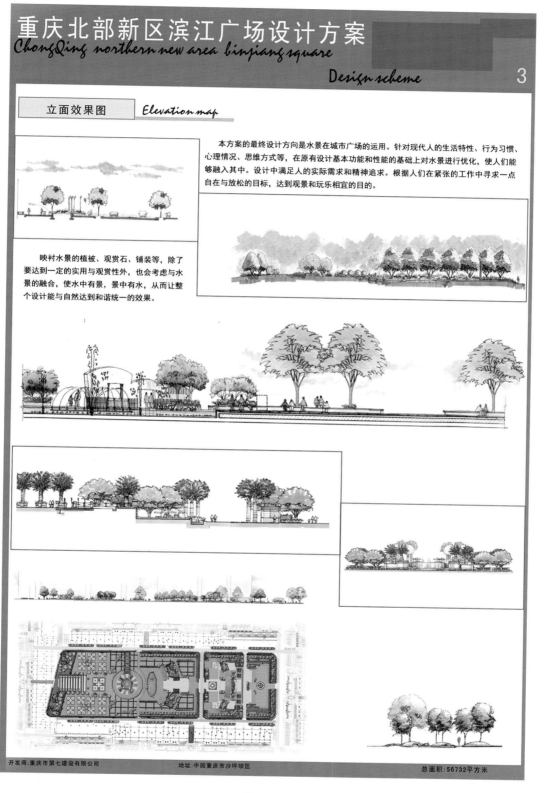

本方案的最终设计方向是水景在城市广场的运用。针对现代人的生活特性、行为习惯、心理情况、思维方式等，在原有设计基本功能和性能的基础上对水景进行优化，使人们能够融入其中。设计中满足人的实际需求和精神追求。根据人们在紧张的工作中寻求一点自在与放松的目标，达到观景和玩乐相宜的目的。

映衬水景的植被、观赏石、铺装等，除了要达到一定的实用与观赏性外，也会考虑与水景的融合，使水中有景，景中有水，从而让整个设计能与自然达到和谐统一的效果。

开发商:重庆市第七建设有限公司　　　地址:中国重庆市沙坪坝区　　　总面积:56732平方米

续图 7-2

续图 7-2

三、重庆市长寿湖风景区规划设计方案

重庆市长寿湖风景区规划设计方案如图 7-3 所示。

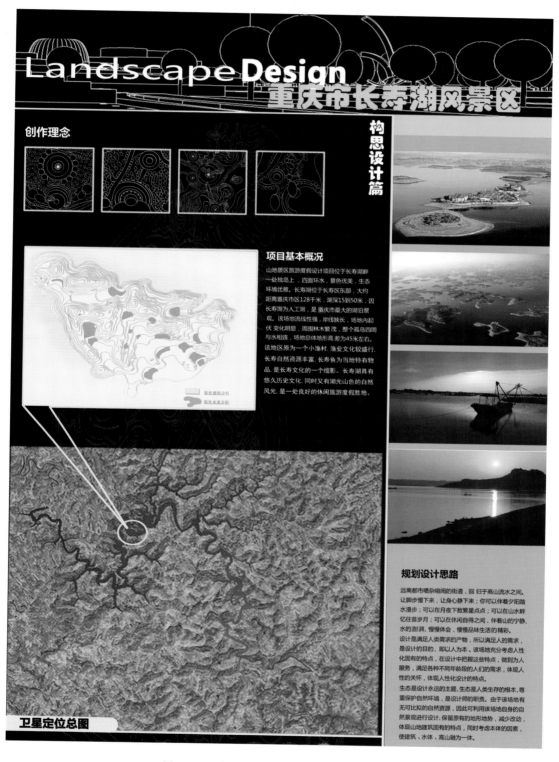

图 7-3　重庆市长寿湖风景区规划设计方案

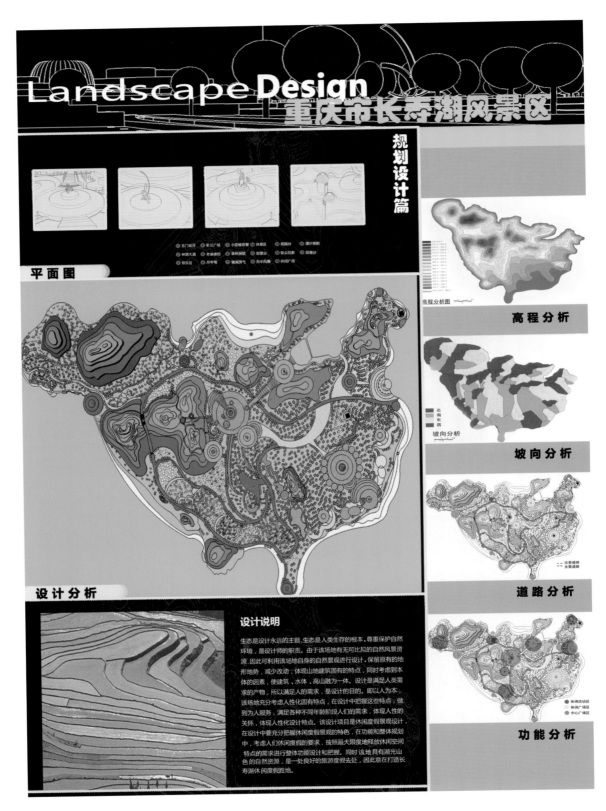

续图 7-3

Landscape Design 重庆市长寿湖风景区

景观设计篇

彩云追月于山水自然中，
体验玄门皎月的开阔空间，
深呼吸于层林尽染的密林间，
陶醉于墨香竹影的诗意中，
清溪挽泗，镜湖游弋，情有独钟。
彩云追月的意境，在于寻找我们的灵魂；在于寻找我们的健康；在于寻找我们的快乐；
在于寻找我们内心的那份宁静的乐土。
该设计项目是度假休闲酒店设计，在设计中要充分把握休闲度假村的特色，在功能和整体规划中，
考虑人们休闲度假的需求，按照最大限度地释放休闲空间的特点的需求进行整体功能设计和把握。
悠远文化源远流长的历史名城，同时具有湖光山色的自然资源，是一处良好的旅游度假去处，因此意在打造长寿休闲度假胜地。

鸟瞰图

效果图一

效果图二

效果图三

效果图四

效果图五

效果图六

效果图七

效果图八

效果图九

效果图十

续图 7-3

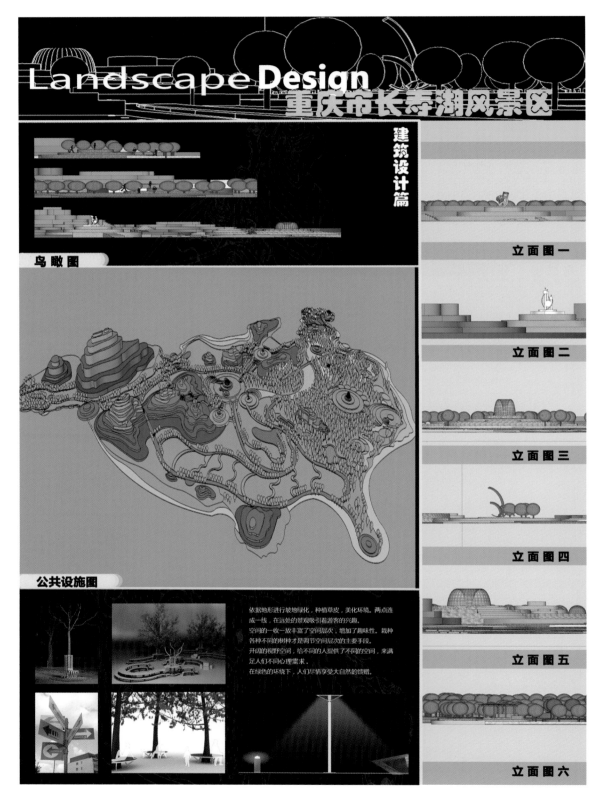

续图 7-3

[1]郑毅.城市规划设计手册[M].北京:中国建筑工业出版社,2000.

[2]赵天宇.城市规划专业毕业设计指南[M].北京:中国水利水电出版社,2001.

[3]李德华.城市规划原理[M].3版.北京:中国建筑工业出版社,2001.

[4]冯炜,李开然.现代景观设计教程[M].杭州:中国美术学院出版社,2002.

[5]刘福智.景观园林规划与设计[M].北京:机械工业出版社,2005.

[6]曹瑞忻,汤重熹.景观设计[M].北京:高等教育出版社,2003.

[7]陈志民.Photoshop 7 建筑效果图制作精粹[M].北京:机械工业出版社,2003.